— 小电工啃知识系列 —

小电工啃继电保护

李凤海　窦晓林　主编

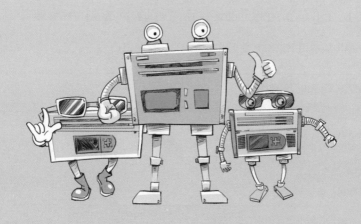

中国电力出版社
CHINA ELECTRIC POWER PRESS

内 容 提 要

当继电保护专业知识和搞笑段子、卡通漫画相遇会擦出怎样的火花？本书将带你看到它们之间"不同寻常"的化学反应。

本着"让知识变得更有趣"的宗旨，本书化繁为简，以搞笑的语言、形象的比喻、生动的漫画，将复杂、晦涩的继电保护专业知识转化为轻松、幽默的短文，谈笑间已将专业知识收入囊中。

本书主要内容包括继电保护基础、二次设备及其回路、母线保护、主变压器保护、线路保护、备用电源自动投入装置、就地化保护装置等。专业内容搭配轻松形式，深入浅出又不失专业性。

本书可供电力相关从业人员、各大中专职业院校的电力专业学生，以及对电力知识感兴趣的朋友阅读。

图书在版编目（CIP）数据

小电工唠继电保护／李凤海，窦晓林主编. —北京：中国电力出版社，2022.5
（2025.1重印）

ISBN 978-7-5198-6633-4

Ⅰ.①小… Ⅱ.①李…②窦… Ⅲ.①继电保护 Ⅳ.① TM77-49

中国版本图书馆 CIP 数据核字（2022）第 049413 号

出版发行：中国电力出版社
地　　址：北京市东城区北京站西街 19 号（邮政编码 100005）
网　　址：http://www.cepp.sgcc.com.cn
策划编辑：王　祎
责任编辑：马淑范（010-63412397）　王　祎
责任校对：黄　蓓　常燕昆
装帧设计：赵姗姗
责任印制：杨晓东

印　　刷：三河市航远印刷有限公司
版　　次：2022 年 5 月第一版
印　　次：2025 年 1 月北京第七次印刷
开　　本：880 毫米 ×1230 毫米 32 开本
印　　张：8.5
字　　数：290 千字
定　　价：49.80 元

本书编委会

主　　编：李凤海　　窦晓林

副 主 编：于　冰　　徐　波

　　　　　张广嘉　　李巧荣

参　　编：俞伟国　　石　磊

　　　　　付建明　　冯小萍

　　　　　崔大林　　庞旭东

序 一

科学技术往往给人一种生硬的、高高在上的印象。对科学技术的理解和应用往往只限于从事相关专业的人中间，对此方面有兴趣的个人很难短时间内通过有效的途径去学习、去实践。计算机领域是如此，电力领域也是这种状态。

《小电工啃继电保护》一书有将专业技术与普通大众拉近的意图和想法，这是一种新鲜的尝试，很值得推荐和鼓励。

如何将复杂的原理转化为大众容易读懂的语言是一种功夫，在此基础上如何将大众易懂的语言变得轻松、幽默、可视化，更考验一个人的技术功底、理解能力及表达能力。而这本书基本将两者兼具了，比如在讲解基尔霍夫电流定律时，通过忍者分头行动的漫画，很形象地说明了流入等于流出的原理，读者一下也就记住了这样的理论，令人印象深刻。

科技之道，同沾雨泽。数字世界的未来，需要每个人深度参与和建设，如何将快速迭代的知识尽可能地让每个人都理解并加以运用值得探索。任何将专业知识做到通俗易懂地转化，将高高在上的科学技术"拉下神坛"让普通大众可以了解和运用的尝试，都是我们喜欢和支持的。

美国国家工程院院士、美国艺术与科学院院士　陈世卿

序 二

继电保护是电网安全运行的第一道防线，它正是应"保护电网安全"而生，从电磁型、晶体管型、集成电路型直到微机型，其形态随着科学技术的发展而不断进化，其原理和算法也在不断优化更新。继电保护技术本身复杂度高、专业性强，加之其不断地进化，这就给年轻一代的继电保护从业人员提出了更高的学习要求。

如何让年轻一代学好继电保护知识，如何把我们了解的专业技术分享出去，是我从业继电保护30多年一直在思考的问题，也是我努力的方向之一。自"裘愉涛劳模创新工作室"成立之始，累计开展了近万人次的跨区域培训，就是想让继电保护知识更好地传播出去。

一直期待有一本书可以让课本中的理论知识和现场的实践相结合，可以用年轻人愿意看、看得懂甚至觉得有意思的语言把继电保护知识传递出来。最近翻阅《小电工唠继电保护》一书，发现作者的思路基本符合了我的预期，内容深入浅出，在原理的阐述上从一个简单的基础开始讲起，不断挖掘，直抵问题的核心，最后再加上典型实操，加深了理论和实践的结合；加之搞笑的漫画、轻松的语言，一下就拉进了从业人员和专业知识的距离，让人印象深刻。才发现原来一直生冷晦涩的专业技术理论，也可以有这么接地气的一面，值得电力行业各位朋友阅读。

我一直觉得专业知识不应局限在少数的几个人手里，应该让更多的人看到、听到、学到，这样，专业技术遍地开花，创新思想才能源源不断。希望《小电工唠继电保护》这本书可以为电力专业知识的分享换种思路，也期待小电工可以"唠"更多电力知识，让有趣的知识贴近每一个电力从业人员！

国网浙江省电力有限公司电力调度控制中心　裘愉涛（全国劳动模范）

序 三

　　从事电气工程专业教学二十余年，深知继电保护不仅是教学过程中的教授难点，而且也是学生就业后，工作实践过程中的难点之所在。掌握继电保护知识需要电路原理、电机学、电力电子等多方面的内容作为基础，如果在校期间基础打得不甚牢固，工作后从事继电保护相关工作时，难免会不得要领。

　　为什么学习专业知识时，部分学生会打不起精神、使不出力气呢？没有兴趣是一大原因，专业教材和专业教师都可以为学生提供深究的基础，但是如果想兼顾兴趣启发，尚需要新的内容和形式的出现。我一直期待有新颖的教学形式可以让老师对电力知识的传授和学生对电力知识的学习变得更加丰富，更加有趣。

　　翻阅《小电工啃继电保护》这本书稿，让我眼前一亮，似乎找到了我一直期待的教学形式。作者以当代年轻人的视角，采用全新的编写形式，让这本书稿的内容变得生动有趣。一方面，本书串联起了学习继电保护所需的相关知识基础，学习一个原理可以知道该原理的来龙去脉；另一方面，这本书并不是简单地将现有资料拼凑在一起，而是将各个知识点掰开了、揉碎了重新结合，并用形象、生动的比喻，丰富、搞笑的漫画将内容表述出来，使之成为通俗、易懂的可得知识，在学习枯燥的知识中增添了几分乐趣。

　　我相信通过阅读本书，能让更多人改变对电力知识枯燥、生涩的刻板印象，激起更多人学习电力知识的兴趣，不失为在校学习和在职学习过程中的一本很好的入门书籍。

哈尔滨工业大学　蔡春伟（教授）

写在前面

上大学那会儿，我觉得学习专业知识最主要的目的就是为了通过考试，真的是单纯又没远见。于是乎，老师在讲台上挥汗如雨（滔滔不绝）、倾囊相授（精疲力竭），我坐在下面却思绪纷飞，想着吃啥喝啥。等到了工作岗位，需要用到专业知识的时候，脑袋一片空白，这时才发自内心地渴望拥有大量的知识，急切地想一捧一捧地把课本中的知识点都捧到自己的脑袋里，奈何每一个文字都认识，连成一句话却完全看不懂。就某个知识点，经常被同事和客户问得一愣一愣的，也经常把客户和同事问得一愣一愣的。这才发现，原来在大学课堂里不止我一个人没学明白。

那时我就想，大家都需要学习，但是书本中的继电保护知识没有老师的指点确实是一块啃不动的硬骨头，那么我能不能让它变得有趣一些，让别人看懂的同时还能笑出鱼尾纹呢？从那时起，我每从课本上、变电站现场学习到一点儿知识，就以"小电工"的身份和口吻，用幽默搞笑的文字，配以表情包，把它们记录下来，然后再"厚着脸皮"分享给同事们。可能自己天生就带了那么点儿幽默细胞，大家读着读着都能会心一笑，这样就给了我更大的动力去继续创作。

到2015年，微信公众号开始火爆，我把这些内容放在微信平台上发布，希望让更多的人可以笑着就把知识学了，于是每个周五都通过公众号推送这些小知识。刚开始，所讲的内容都是一些皮毛，并不费太大力气就可以把它讲得很有趣。但随着讲解不断深入，逐渐进入到自己的知识盲区（可能我的知识盲区太大了，没分享多少皮毛我就"盲"了），发现我失去了把它变得有趣的能力，每到推文时刻就想着蒙混过关，从网络上、书本上摘抄一大段干巴巴、晦涩拗口，自己都不甚理解的文字组成一篇文章。每到这时我的领导Mr. Simple读完都先是神情凝重，接着劈头盖脸地批评我，最后我们达成共识，宁愿延迟更新，也坚持不发无趣、拼凑的内容。于是，面对一个个难懂的知识点，比如距离保护，我可能要翻阅一堆教材、查找各种资料、请教各个专家，直到完全搞懂，然后再通过有趣的方式把它展现出来……每每这样的文章都会有上万人阅读，对于专业技术方面的公众号，能有这样的流量是相当不容易的。"流量密码"可以说很清晰地展现在面前了，就这样，我推送了一篇又一篇文章，被越来越多的人关注和喜爱。

不知不觉中，文章积累到了一定的数量，加上中国电力出版社的编辑联系到我，表达了用这种有趣的方式系统性地编写一本书出版的想法，于是我系统地梳理了知识点，注入了很多新鲜的内容，并重新编排，这本书就这样诞生了。

既然是学习继电保护知识，那么首先需要知道它为什么出现以及如何出现的，以及它的保护对象——电力系统的简单知识，这就是本书第1章的内容；其次，继电保护设备到底长什么样子，由哪几个关键部件组成，又是如何与它的保护对象产生联系的，也是我们要了解的点，这是本书第2章的内容。在学习了以上基础之后，我们就可以深入谈谈判断故障的逻辑原理是什么，这是本书的核心，也是第3~6章要讲的内容；最后，再带大家"开开眼"，看看目前最先进的继电保护技术的发展状态。书中以"小电工"的口吻讲解，由一丝丝幽默搞笑的"气息"串联，期待能让各位小伙伴们在学习知识的同时笑得前仰后合。

出版本书的目的不是去替代那些让无数同学又爱又恨的"神圣"的教材，因为每一本大学的教材中汇集了各个名家的心血，其经典地位无可替代。我只求能站在巨人的肩上，在传统教材讲授知识的基础上做些补充、转化，使这些深奥的知识变得有趣、生动、容易理解；同时，也希望借由这个讲段子一般的小书，勾起读者学习继电保护知识的兴趣，全当是对理论教材的工程实践转化和读者学习成长路上的一小块垫脚石了。如能实现这个目的，"小电工"也算是"功德圆满"了。

为使本书阅读时更轻松和有趣，对于原理的讲解本想完全放弃复杂公式，只通过文字来说出最简单的道理。无奈水平终究有限，即使绞尽了脑汁，错付了几缕青丝，也还是绕不过这些"大神们"提炼的精华。"小电工"只能尽量做到少用公式、多用例子，实在规避不掉的，也会用最简单有趣的语言，让读者看明白、搞清楚、会应用。

本书能顺利出版，离不开Mr. Simple的支持和限制。他支持的是内容和形式的自由，限制的是无趣就重写，并经常给出一些"不正经"的建议。

本书能顺利出版，也离不开母亲坚韧刚强的榜样力量，她让我领悟人生要活得有意义，要活得更加紧迫，要活得全力以赴，对母亲唯有感激和爱！

本书能顺利出版，更离不开千千万万个"淀粉"的信赖和期待，他们的支持给了我完成这本书最根本的动力。

在此，对给予本书支持和关注的所有朋友表示万分感谢！

说到头来，我还只是一名才疏学浅的"小电工"，学识有限，知识体系也不甚完备，书中难免会有技术上或表达上的瑕疵或不严谨，只怕会贻笑大方。在此，恳请各位朋友不吝赐教，我定当虚心接受，感激不尽！

编者

目 录

第 **1** 章

漫画电力系统
继电保护基础

总有人说继电保护这个专业太难了，入门难，拔高难，想成为专家更是难上加难，那真是"难他妈给难开门，难到家了"。但是接触时间久了之后，就会发现，只需要从最简单处着手，从最外围处着手，不惦记着一口吃成胖子，而是一点点吃成胖子，也就没有想象得那么难了，随着掌握的套路变多了，自然就有了自成一派的知识功法了。

本章从继电保护的外围着手，从最简单的部分开始了解这个专业的内容。首先一起来聊聊它的发展历程，分享电力系统的不同状态以及不同结构，并简单说说面对电力系统不同的状态和结构保护能起什么作用。

1.1 极简继电保护进化史

本书的主角——继电保护，它的进化历程，你了解吗？

万事万物皆因需求而进化，想了解继电保护的发展历程，可能要先问问："它为谁的需求而服务呢？"

您好，3号技师小继保为您服务。

继电保护为给电力系统保驾护航而生，有个名人曾说："风帆远航靠舵手，电网安全靠继保"。

在讲继电保护的发展历程之前咱们先聊聊它的服务对象——电力系统的发展历程。

1.1.1　电力系统的发展历程

大家都知道爱迪生。

工业革命以来，使用电力照明的想法并不新鲜，比爱迪生早100多年，富兰克林就拿着风筝单挑雷电了。

但是，在爱迪生1879年发明灯泡以前，前人并没有研究出一个像样的家用电器。

"小爱同学"最伟大的地方在于他不只是发明了个灯泡，而是组合了一整套照明系统（见图1-1）。

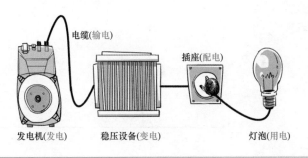

图 1-1　照明系统

这套系统里面甚至还包括熔丝。小电工翻阅很多资料，觉得爱迪生用的这根熔丝，应该就是保护的雏形和鼻祖了。

　　1882年，为了供应更多用户使用灯泡，第一个商业发电厂在曼哈顿正式投入运营，并开始向一平方英里（约为2.59km²）内的用户提供电力，开启了电气时代。

　　随着特斯拉研究出交流发电机，西屋[1]开发出实用的变压器，加之各类能源的高效利用，兆瓦级发电站应运而生，电力的能量更大，传输距离更远，惠及范围更广了。

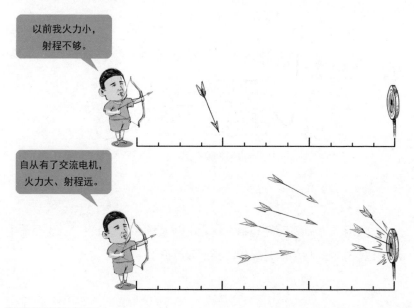

---

[1]　指美国西屋电气有限公司。

工业革命也加速了水电站、火电站的建设。专家开始探索更大容量的发电设备、更高电压等级的输电方式，经过不断的发展最终进化为今天的模样（见图1-2）。

输电线路

发电站

变电站

工业用电负荷

居民用电负荷

图 1-2　电力系统结构

可以把这一整套系统理解为放大版的"灯泡照明系统"。

中国的电力系统发端于上海。1878年在"洋大人"的上海租界，率先拥有了发电机。1897年，60多岁的慈禧太后觉得洋人都有电灯，故宫也要有。

老佛爷说，要有光，于是，便有了光。

你怕不是给太后装了个声控灯吧！

为了这次照明，在北京建立了第一个华人发电厂，取名"南市电灯厂"。

当清朝工部安装在仪銮殿的第一台电灯照亮慈禧太后生命中的最后一段旅程时，电力文明的星火借洋务运动三位重臣（李鸿章、左宗棠、刘铭传）之手，在东方这块古老的土地上开始燃烧。

经过两代人百余年的努力，中国电网已然具有世界电网的领先地位，让光照亮了中国的每一个角落和每一段征程。

随着电力系统进程的不断推进，继电保护也就应运而生了。

1.1.2 微机继电保护简史

前面所讲爱迪生使用的那根熔丝，就是最早的过流保护，现在"七大姑八大姨家"还在用。

其实，当我们谈继电保护简史时，谈的是继电保护原理的发展史和实现方式的发展史。原理的发展是缓慢的，方式的更新是迅速的。

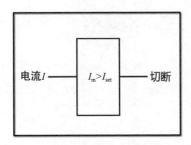

过流保护原理基本没变

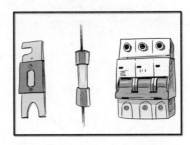

过流保护实现方式的变化

（1）原理的发展历程。随着电力系统的发展，用电设备的功率、发电机的容量不断增大，发电厂、变电站和供电网络的结构更加复杂。

过流保护已经不能满足电网需求，于是自1901年出现过流保护的8年后，1908年出现了比较元件两端电流的纵联差动保护原理（见图1-3）。

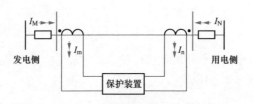

图 1-3   纵联差动保护原理

科学是自成一脉的，不管政治、经济如何变换，它都能不断持续向前。末代小皇帝溥仪坐上龙椅后的两年，也就是1910年，电流方向保护诞生了（见图1-4）。

图 1-4   电流方向保护

电流方向保护的出现解决了双侧电源供电保护选择性的问题。随着电网运行方式越来越复杂，电压等级越来越高，只依靠电流来判断保护动作与否已不能满足要求。

这好比是一个暴发户嫌弃结发妻，妻子努力整形的狗血故事。后来保护奋发图强，让自己变得更加精致，开始通过判断电压和电流的比值来判断故障。

这就是距离保护（见图1-5），它在中国共产党成立两年后的1923年出现，4年后的1927年，高频保护出现并被应用，至此保护原理已经足够应对电力系统的各种需求了。

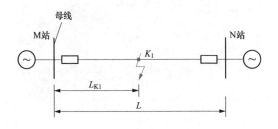

图 1-5　距离保护原理

继电保护　　　　　电力系统一次

这些原理一直沿用至今，只是实现方式不断进化而已。

（2）实现方式的发展历程。继电保护的实现方式随着科技进步、材料变化而不断更新迭代，经过近百年的发展，变换出不同的形态。

1）机电型继电器。1950年以前大部分都采用机电型继电器实现保护功能（见图1-6）。

图 1-6　机电型继电器

它就像乐高❶一样，每一个功能，都是由若干个继电器组合而成的。比如要实现过流保护就可以考虑把时间继电器和过流继电器拼凑在一起。

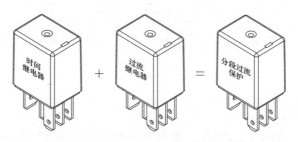

其定值调整，完全由机械实现，具有游丝的电流或时间继电器，可以根据刻度机型整定其他继电器，完全靠人工调整行程或螺钉松紧完成。

过去的继电保护工，都技艺精湛，一般整不错，整错就如图，可以说是最受人尊重的"高危险技术人才"。

2）静态继电保护。静态继电保护出现在建国初期（1950年后），经历了两代发展，第一代为晶体管式，第二代为集成电路式（见图1-7）。

---

❶ 一种拼接类玩具，可以自由组合为各种形状。

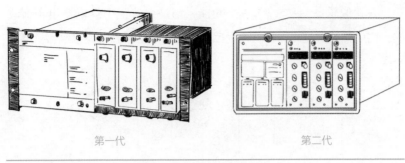

第一代   第二代

图 1-7   两代静态继电保护

那个时期科技蓬勃发展，摩尔定律持续生效，技术实现的方式飞快地更新迭代。从某种意义上说，集成电路式继电保护是第一款数字化的保护，保护装置内部大量地使用集成电路芯片，比如与或逻辑、计数器、比较器等均通过集成电路实现。

从那一年开始，写程序也变得普遍了。

慢慢地，继电保护装置的体积从占满一个屏柜到只有一个鞋盒大小，此时的定值整定也从调整游丝变成了调整拨码，有了极大的简化。

3）微机保护。静态保护虽然已经实现了保护功能，但是只能"计算"然后"动作"，不能高效存储。于是，1986年前后杨奇逊院士开发出了中国第一代微机保护，真正实现了像微型电脑一样高效计算、存储，让继电保护又拔高了一个层次。和计算机的发展历程相同，一代代的微机保护不断地进行算法优化，逐渐发展成了今天的模样。今天的继电保护装置对大家而言，就完全变成了一个黑盒子。

> 从此以后，
> 请叫我修电脑的！

课外小知识

　　1986年，华北电力大学杨奇逊教授主持开发了国内第一代微机保护WXH-01；1990年，杨奇逊教授主持开发了第二代微机保护WXH-11。1994年，杨奇逊教授入选首届工程院院士。90年代中期，南京南瑞继保电气有限公司沈国荣主持开发了LFP-901微机保护，1999年，沈国荣入选工程院院士。

　　两位院士是微机继电保护发展的奠基人和开拓者，正因为有了这些"大神"的加持，继电保护的发展才日新月异。

　　随着数字化概念的提出，继电保护装置又紧随潮流进化出了新的形态——数字化装置、就地化装置，让继电保护的形态更加丰富。

　　不过，有个名人说过一句话，"继保的原理不断传承，实现方式千变万化"。未来到底是原理完成进化还是实现方式再次变化呢，让我们拭目以待！

1.2 对电力系统的望闻问切

　　二次设备是为电力系统服务的，而且往往是在电力系统不正常的情况下起作用。但怎么确定电力系统有病？电力系统在状态上该如何划分呢？

电力系统　　　　　　　二次设备

　　在正式进入本节之前，要先问大家一个问题：电力系统及其一、二次设备该如何定义呢？

电力系统就是生产电能、变换电能、输送电能、分配和使用电能的各种电气设备所组成的联合系统。

一次设备是指直接生产、输送和分配电能的高压电气设备,对一次设备进行监视、控制、保护的设备叫二次设备。

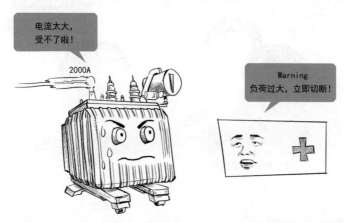

电力系统太大,如果每一处都时时刻刻"望闻问切",那可能就要累死二次设备这个"老中医"了,而且它还不见得能对症下药。于是,为了能让"老中医"出诊时有重点,迅速定位症状,又能准确对症下药,把反应电力系统运行状态的关键参数提取出来,并根据这些参数定义出了三种不同的"症状"——正常、不正常、故障,二次设备就可以据此三种状态发挥作用了。

1.2.1 识别电力系统的正常工作状态

电能的生产、输送、消耗是在同一瞬间完成的。

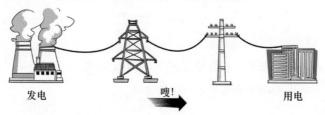

能量都是守恒的，如果不考虑输变电过程的损耗，发电量和用电量会时刻维持瞬时平衡状态。

20 年前

20 年后

经过多年的发展，发电单位和用电单位的地位变了，但是平衡状态却没变，可以用两个等式来表达这种平衡。

$$发电有功之和-用电有功之和-有功损耗=0$$
$$发电无功之和-用电无功之和-无功损耗=0 \qquad (1\text{-}1)$$

如果系统满足以上等式的要求，那就证明系统处于能量守恒状态，也就是无故障状态。

无故障就是正常状态吧？

不见得，功率平衡，但电压、电流、频率超范围也不叫正常状态。
就好比一个人虽然身体健康，但是胖成一坨，也不正常。

那么，还需要哪些指标来证明系统正常呢？电压、电流、频率等这些参数组成的不等式就可以作证。

$$下限\leqslant母线电压\leqslant上限$$
$$线路电压\leqslant上限$$
$$下限\leqslant系统频率\leqslant上限 \qquad (1\text{-}2)$$
$$发电设备功率\leqslant上限$$

该不等式成立时，就表示供电质量良好，再结合式（1-1）中的平衡状态，就可以证明电力系统当前正常。所以，二次设备只需要对这几个指标详细观察，就可以判断系统是否正常啦，当系统正常时它只需要老老实实待着，不乱跳闸就是最大的贡献了。

1.2.2　识别电力系统的不正常工作状态

如果式（1-1）满足，但是式（1-2）不满足，这时的电力系统状态为不正常状态。比如电压过高或过低、频率越限或不足、电流越限等都是不正常状态的具体表现。

比如夏天来了，用电功率超过了实际发电机的额定功率，就会造成系统过负荷，导致电流升高，超过合理范围。负荷过高，短时内电力系统能够承受，但是时间一长就可能造成导体绝缘性能下降，很有可能导致其熔断，直接破坏电力系统的稳定运行，甚至停电。

又比如用电量突然降低，负荷变小，造成系统频率上升，这就有可能造成异步电动机[1]转速异常，纺织厂就可能因此而生产出大量残次品。

足球橄榄球生产线

系统不正常的案例还有很多，但是表象无非就是电压、电流、频率和功率不正常，这种不正常虽不"致命"，但时间长了会对系统造成伤害。

这种状态怎么解决呢？

当然还是要靠二次设备来"对症下药"予以解决。当负荷过高时，二次设备就会开出"过负荷保护"的"方子"，切掉不重要负荷从而让系统恢复正常；当频率异常时，二次设备又会开出"低频减载"的"方

---

[1]　同步电动机转速与电磁转速同步，而异步电动机的转速则低于电磁转速；同步电动机不论负载大小，只要不失步，转速就不会变化，异步电动机的转速时刻跟随负载大小的变化而变化。

子"，处理掉这个顽疾；还有诸如稳控装置、过电压保护装置等都是为了应对系统的不正常状态而生的。那可谓："电力系统不正常，二次设备使劲扛"。

1.2.3　识别电力系统的故障状态

　　那就麻烦啦。这个"麻烦"就是大家常说的故障状态，电力系统的故障都可以归咎于一次设备的短路或者开路，其中，最常见也是最危险的故障就是短路。

> 如果式（1-1）和式（1-2）都不成立，那会怎样呢？

> 短路就像热恋中的手牵手超酥麻也超危险的。

　　短路可以分为单相接地短路和相间短路两种，其中单相接地占电力系统故障的绝大部分，危害很大（见图1-8）。

短路电流大，燃起电弧

大电流引起发热，酿成事故

图 1-8　大电流危害图示

　　为了减小这种影响，控制事故范围，二次设备又登场了，它们虽不能彻底解决这一故障状态，但是可以迅速切断故障点附近的开关，直接将故障隔离在最小的范围内，从而将故障对系统的影响降到最小。

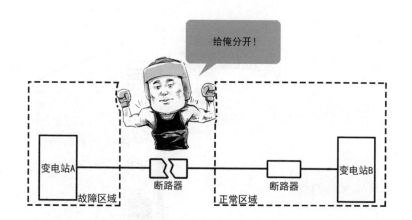

　　总结来说，在系统正常运行时，二次设备只需要"吃瓜观察"即可，此时的要求是不能因自身失误对正常系统造成影响；在系统不正常状态时，二次设备需要通过特定逻辑功能切掉不正常负荷，使得系统恢复正常；在系统故障时，二次设备要尽最大努力将故障点隔离到最小范围，使电力系统损伤降到最低。

　　以上就是电力系统的三种状态以及二次设备该如何应对不同状态的

知识点，了解电力系统的状态，是了解继电保护原理的前提，毕竟知道了服务对象的"底细"，后续才能提供更好的服务嘛。

1.3 图解一次系统的结构

　　彻底地了解电力系统才能更好地了解继电保护，我们已知电力系统在状态上可以分为正常状态、不正常状态和故障状态，本节就来聊聊电力系统的结构（此处的结构主要指电力系统主接线的结构）。

　　很多时候选择什么样的保护装置跟系统的结构类型（主接线类型）关系密切，如果给没有母线的系统配一个母线保护，会怎么样？

　　系统结构的不同对于检修的便利性、供电的可靠性、操作的灵活性都有影响，所以了解其典型结构很有必要。

　　主接线的结构通常用主接线图来表示。由于电力系统很庞杂，一般而言，主接线图表示发电厂、变电站以及用电负荷之间的电能通路。把这几个环节中的一次设备抽象成一堆符号，按照一定的方式完成连线，即可构成主接线图，如图1-9所示。

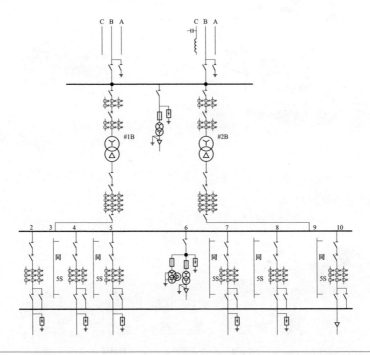

图 1-9　主接线示意图

1.3.1　一次设备的符号表示

　　请看下图猜一句诗词。

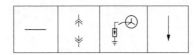

学完本章自然就知道答案了。先继续往下讲，电力系统中最主要的一次设备见图1-10。

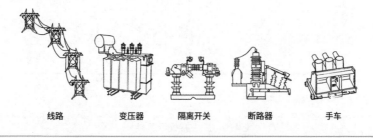

| 线路 | 变压器 | 隔离开关 | 断路器 | 手车 |

图 1-10　电力系统一次设备

电气符号就是按照一次设备的原理、功能或者形状来对其进行抽象表达。

当然，符号化的过程也要遵循"信达雅"，表达要准确、方便绘制、便于记忆，对应关系如表1-1所示。

表1-1　常用电气设备图形符号与文字符号

图形	设备	标识
	断路器，两种表示方法，监控系统中常用后者	无
	隔离开关，长得很像上面的断路器，但是有区别	QS
	两绕组（双绕组）变压器，三绕组就再多一个圈	绕组
	线路（馈线），没错不用怀疑，它就是个箭头	无

续表

图形	设备	标识
——	母线，没有明确规定，但是粗一点儿的线段可以标识	I 母
⋏⋎	手车，不同电力单位的画法有略微不同	无
⏚	中性点接地	无

回到本节前面的提问，其答案自然就是"慈母手中线"，因为第一个是母线，第二个是手车，第三个是中性点，第四个是馈线。

主接线可以分为有母线结构和无母线结构两大类。

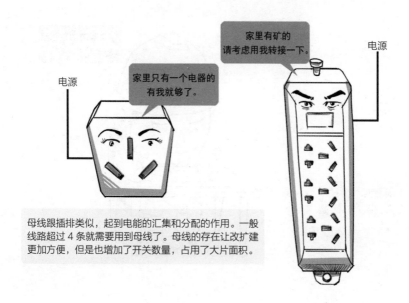

母线跟插排类似，起到电能的汇集和分配的作用。一般线路超过 4 条就需要用到母线了。母线的存在让改扩建更加方便，但是也增加了开关数量，占用了大片面积。

每一大类又可以细分出不同的接线类型。

1.3.2　有母线主接线的不同形式

有母线，但是可没说就只有一根哟，根据母线数量的不同、位置的不同可以再做细分。

单母线	单母分线	单母带旁	双母线	双母带旁

这一堆长得像"摩斯密码"的主接线结构可能不太好理解，需要挨个儿解释。

（1）单母线接线。顾名思义，只有一根母线的结构，如图1-11所示。

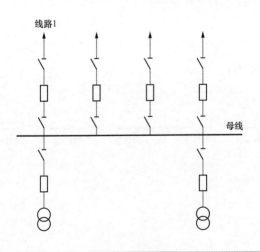

图 1-11　单母线接线

这种结构是有母线主接线中最简单的，线路1作为电源通过2组隔离开关和1组断路器接入母线，其余线路作为负荷通过母线与之相连，每条线路都获得可靠的电源。两台变压器并列工作，确保下级可靠受电。

灵活性差这个问题，当母线停电检修或者故障时体现得尤其明显。母线一停电，与其连接的所有线路都得停电。所以为了避免这个问题，需要采用其他的接线方式。

（2）单母线分段接线。把主母线拦腰切断，一分为二，然后增加一个分段断路器连接两段母线，这就是单母线分段的接线方式，如图1-12所示。

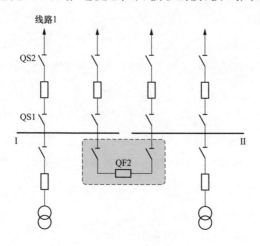

图 1-12　单母线分段接线

如果分段断路器闭合，两母线并联运行时，Ⅰ母出现故障，那么在母线保护的作用下，分段以及Ⅰ母上的所有断路器都被跳开，Ⅱ母可正常运行。

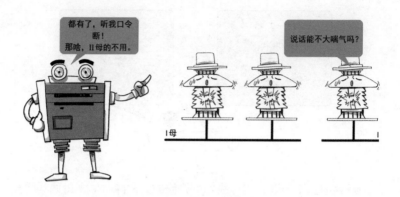

停电只局限在一段母线上，可缩小范围，减少误伤。

如果分段断路器断开，两母线分列运行时，Ⅰ母电源消失，备自投装置会自动合上分段断路器，由Ⅱ母给Ⅰ母供电，这样，Ⅰ段母线上的线路正常运行。

对于重要负荷，可以分别从Ⅰ、Ⅱ母上引线，这样即便一段母线停电，另一段仍可正常供电。当然，还有另一种接线方式可以避免单母线接线的缺点。

（3）单母线带旁路母线接线。什么是旁路母线呢？就是放在母线旁边的母线，简称旁母，如图1-13所示。

与单母线接线相比，其增加了一段旁路母线以及母线和旁路母线之间的断路器隔离开关机构。这样，当某条线路需要检修时，可以做到不停电。

平时QF2是断开的，两侧隔离开关闭合，旁母不带电，以图1-14线路1检修来说明不停电的操作是如何实现的。

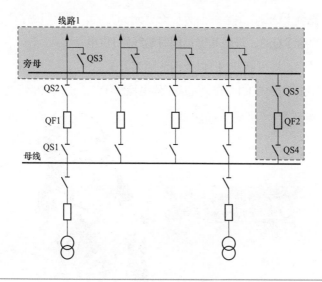

图 1-13　单母线带旁母接线

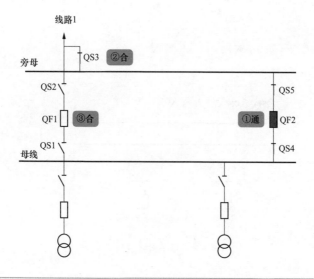

图 1-14　单母线带旁母接线不停电检修

1）先合上QF2，由母线向旁母充电5min左右，若无问题；

2）再合上QS3，母线和旁母同时给线路1供电；

3）最后，即可断开QF1以及两侧隔离开关。

此时由QF2替代QF1工作，完成不停电检修任务，检修完毕恢复即可。

这种方式灵活性好，可靠性高是小容量电厂必备之良方。

旁路母线如果距离母线再近一点儿，就会出现一种新的主接线方式。

（4）双母线接线。双母跟单母带旁一样都有两根母线，但是却没有主次之分，如图1-15所示。

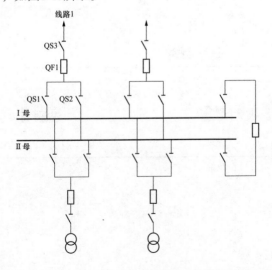

图1-15　双母线分段接线

　　每条线路通过两组隔离开关分别跟两根母线相连接，正常运行时其中一组闭合，另一组断开，只由其中一段母线对其供电。当其中 I 母故障或者检修时，可以把线路间隔合于 II 母，由 II 母对这些线路进行供电，反之亦然。

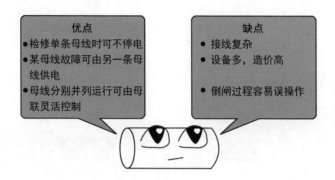

　　当然，有母线的接线还有双母带旁母、3/2接线，这里不再一一赘述。

1.3.3　无母线主接线的不同形式

　　有母线虽然可以起到良好作用，但母线一旦故障，停电面积会很大。

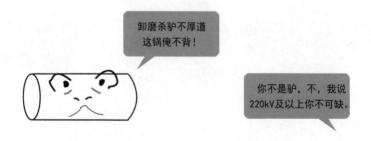

　　为了一定的安全性和经济性，一般在110kV及以下电压等级中采用另外几种接线。

　　（1）桥形接线。顾名思义，中间有个桥一样的接线方式。

如图1-16所示，QF3以及两套隔离开关组成的连接结构就叫桥，桥在线路开关和主变压器（为使叙述风格一致，后简称主变）之内叫做内桥，在之外叫做外桥。在线路故障/检修时两者运行方式大为不同，比如线路1故障，两种运行方式的区别如图1-17所示。

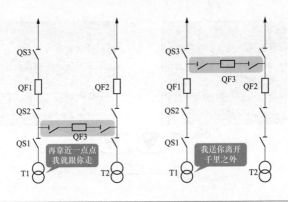

图 1-16　无母线桥形接线

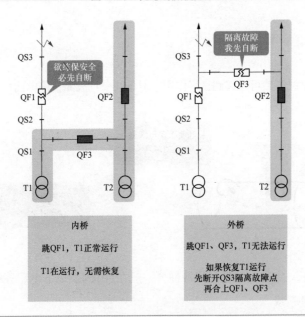

图 1-17　线路检修时内外桥运行方式

思考：如果T1故障或者检修，断路器应该如何配合呢？

总结下来，内桥更适合线路长，主变不经常切除的情况；外桥更适合线路比较短，主变需要经常切除的情况。

（2）单元接线。对于无母线且无桥在中间进行过渡的，叫作单元接线，如图1-18所示。

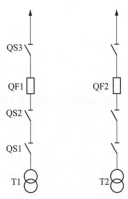

图 1-18　无母线单元接线

它们只有间隔内的元件相互连接，跨间隔没有横向联系。

得，距离拉开了，两者关系彻底断绝！

虽说少了可靠性，一个元件有问题，整个间隔都得停电，但是这种接线也有它的存在价值。比如结构简单，元件少，安装方便等。

以上就是电力系统中的常见接线方式，具体选择时需要综合考虑电站等级、类型、负荷等因素，并在满足需求的同时考虑物美价廉。

第 **2** 章

趣谈电力系统二次
设备及其回路

本章正式开始对继电保护装置的学习。小时候我们总喜欢通过拆了装、装了拆来"败家",不是,我的意思是学习知识。长大后发现这可能真的是一个极好的学习方法,毕竟对表层有了一定的理解之后才更能深入内核嘛。

那么对于继电保护的学习,我们也按照此思路,本章就先来聊聊它的外观和外回路;后面的章节来聊它的内核和逻辑原理。

2.1 自己动手组装继电保护装置

如果非要给以上所讲的二次设备或者继电保护装置下个定义的话,那应该是:"以继电器作为硬件基础,自动、迅速、有选择地切除电力系统故障,解决电力系统不正常状态,保护电网安全的装置"。

它得以实现的基础是识别故障,也就是第1章所讲的通过特定的几个参数来识别电力系统的不正常和故障状态。那么,如果只给你以上的已知条件,然后由你来搭一台保护装置,你能拼出来吗?

其实,也没那么难。继电保护在面对电力系统时,首先要有个眼睛能"看"到关键参数(电压、电流、频率);其次,它要有个"脑袋";能比较这些参数到底是大还是小;再次,它还要有一只手能在系统故障时跳开断路器,从而切掉故障;最后,还得有个"神经网络",把眼睛、大脑和手连在一起,完成这些信息的传递。

所以只需4步就可以做出一台装置：拼个交流插件（眼珠），装个CPU（大脑），组个操作插件（爪子），最后再来个总线板（神经网络）就行了。

2.1.1 拼个交流插件

插件就是一块具备特定功能的电路板件，土话里大家有叫它板件、板儿、模块的。作为继电保护装置，首先要能"看见"电压、电流、频率等模拟量。

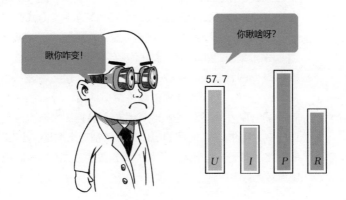

这个"看见"的过程就是通过交流插件（交流板）来实现，它的主要作用是完成对一次系统电流、电压的测量和转化。交流插件的小TA实时监视来自一次电流互感器转化而来的二次电流，同时将该电流转化为小电压；交流插件小TV实时监视来自一次电压互感器转化而来的二次电压，也将其转化为小电压。

电流可以变为电压？

P=UI是个好公式，要不要来一套？

课外小知识

　　CPU在采集数据时依靠的是针脚处感受的高低电平（电压）的变化，比如通常把大于2V的叫高电平，小于0.8V的叫低电平，高低电平分别对应于1、0两种状态。经一次电流互感器变化之后的二次电流一般为1A或者5A；经一次电压互感器变化后的二次电压一般为220VDC或者110VDC。

　　这样一来，无论是二次电流还是二次电压都不能满足CPU采集数据的要求，试想如果从互感器出来的电缆直接接到CPU的针脚上，那CPU非得来一次"冒烟燃烧"的"抗议"不可。为了能让模拟量供CPU使用，CPU插件上就多了小TA和小TV，它们两个最终都会把二次电流或电压值变为可供CPU使用的电压值。特别提出的是，小TA的回路上多了一些电阻，根据欧姆定律的公式，就可以把电流转化为电压啦。

　　交流插件上的AD（模数转化模块）在收到小TA、TV转化而来的小电压之后，就会把电压切成一段一段的，变为数字量，此数字量就可以供继电保护装置使用啦。

　　所以，这个"眼睛"要想完成电流、电压的采集。小TV/TA模数转化，RC滤波器这些元器件一个都不能少。

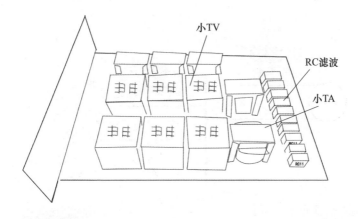

2.1.2　装个CPU

眼睛看到的当然要告诉大脑，由大脑来做决策，保护装置也有个用来做决策的大脑，它就叫做CPU插件。

当它收到来自交流插件的数字信号后，结合内部的逻辑程序即可辨别出系统的故障状态。比如一条输电线路，正常时，线路AB或BX流过的电流就是点灯所需的负荷电流，这时电流平稳，不会忽大忽小。

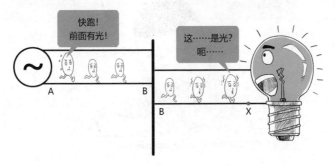

如果此时K点接地，那么AB、BK将流过很大的电流。

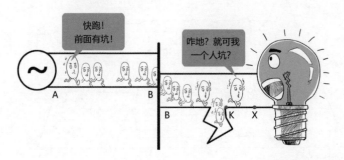

保护装置的交流插件"看到了"这个电流数值的突变过程，就会迅速报告给大脑。

人可以提前把电流的正常范围设置在保护装置CPU里，比如小于1A都算正常。大脑在收到交流插件的报告后，会将当前值跟正常范围做对比。

此时，大脑就会发出跳闸命令，从而隔离故障，这样一个简单的逻辑推理过程就是现在常用的过流保护。

我们把这种逻辑叫软件，把存储该逻辑的芯片叫硬件，软硬结合，就组成了保护装置的大脑啦。

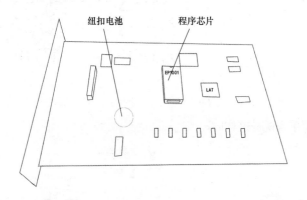

2.1.3　组个操作插件

"大脑"判断出故障后会把跳闸命令发送给出口插件，该插件是保护装置的执行环节，可以称之为"爪子"，它由一堆继电器组成。

每个继电器各司其职，负责跳不同的断路器。比如，主变的高中低压侧开关分别由插件上的不同继电器控制。

大家都知道，断路器这个东西，拿个正电一戳，它就跳。

所以，出口插件只需确保收到命令时发出正电即可跳开断路器，它的原理简单来说是这样的。

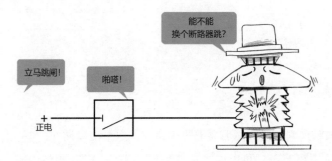

出口插件收到跳闸命令后，会把对应继电器的辅助触点闭合；此时操作正电就经由该辅助触点直达断路器，断路器就咯噔一下！跳开了。

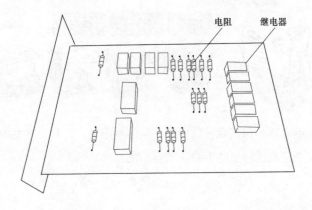

2.1.4　安个总线板

神经网络是大脑接收和传递信息的媒介，在继电保护装置里面也有这样一个媒介，叫做总线板。

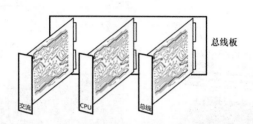

以上所讲的交流插件、CPU插件、操作插件等都与总线板相连，相互之间才可以完成信息的交互传递。交流插件采集到信息之后，通过总线板传递给CPU插件，CPU在完成逻辑判断需要跳开断路器时，通过总线板将这一信号传递给操作插件。

这样，我们就搭建出了一个保护装置的核心部分，可以实现基本的保护功能。那么你们觉得在此核心的基础上还可以补充哪些软硬件才能使其功能更加丰富呢？

课外小知识

本节并没有特别介绍电源插件，它的作用是给各个插件供电的，如果采用本节的比喻方式，它更像是人体中具有造血功能的心脏，给各个插件提供源源不断的动力（电能）。电源插件与其他插件之间也是通过总线板相互联系的，它插接到总线板上，经由总线板给CPU插件、操作插件等完成供电。

另外一个重要的、没做介绍的插件就是液晶插件，也叫做人机交互模块，如果没有它，保护装置就没办法跟你进行交流（你没办法去设置，它也没办法给你反馈信息）。虽说它在保护设备中不是核心，但是却必不可少。

为方便大家把以上讲解跟实物对照，我们特找来一台继电保护装置，其各个插件信息标注如图2-1所示，带底色的标注是本节所讲解过的插件。

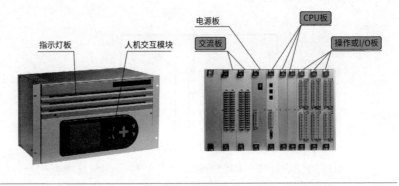

图 2-1 　继电保护装置外形图

2.2 添枝加叶绘制操作回路

看到这里，你可能会问：操作插件的内部是什么样子的？它跟断路器是怎么联系到一起的？它又是如何断开断路器的呢？

操作插件跟断路器的配合靠的是大家耳熟能详的操作回路。我们按照先理枝干，再添枝叶的过程来聊聊整体的实现过程。

2.2.1 画出枝干

先画一个二次设备（保护装置）和一次设备（断路器跳合闸线圈）的联系图，如图2-2所示。

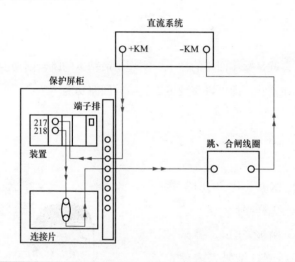

图 2-2　一次、二次系统联系图

保护装置满足动作条件会闭合内部继电器，让端子217、218连通，然后整个回路得以导通，跳合闸的过程就完成了。

把以上联系图转化为原理图，露出关键部位，就是操作回路的枝干啦，如图2-3所示。

正常情况下断路器处于合闸状态，QF1接点闭合，QF2接点断开。此时，如果保护装置发出跳闸命令，其内部继电器K01闭合，跳闸回路导通，断路器被跳开；随后，QF1接点断开，QF2接点闭合，为下一次合闸做准备。

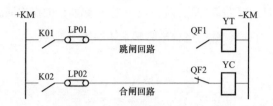

图 2-3   跳合闸回路

K01—保护装置内部继电器 1；K02—保护装置内部继电器 2；LP01—保护屏柜上的连接片 1；LP02—保护屏柜上的连接片 2；QF1—断路器动合触点；QF2—断路器动断触点；YT—跳闸线圈；YC—合闸线圈

以上，就是操作回路的枝干，实现了最基本的跳合闸功能，基于此枝干，添加枝叶，即可以实现更加复杂的回路功能。

2.2.2   添加保持回路

如果"K01"比"QF1"接点先断开会怎样呢？

"YT"刚被"K01"撩了一下，刚想跳呢，结果人家就走了。那怎样能持续被撩，确保"YT"获得足够时长的跳闸脉冲，从而拿回主动权呢？咱们增加一个跳/合闸保持回路看看效果（以蓝色线条表示），如图2-4所示。

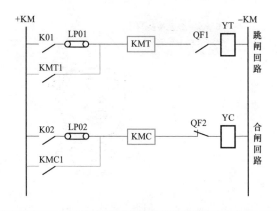

图 2-4　带保持的跳合闸回路

K01、K02—内部继电器；LP01、LP02—连接片；KMC—合闸保持继电器；KMT—跳闸保持继电器；YT—跳闸线圈；YC—合闸线圈；QF1—断路器动合触点；QF2—断路器动断触点

图中"KMT"表示跳闸保持继电器，该继电器接通电源后，其动合触点将会闭合，"KMT1"表示跳闸保持继电器的动合触点；图中"KMC"表示合闸保持继电器，该继电器接通电源后，其动合触点将会闭合，"KMC1"表示合闸保持继电器的动合触点。

蓝色的部分回路叫作保持回路，如果保护动作后发跳令，跳闸回路导通，那么"KMT"继电器励磁，"KMT1"就会吸合。此时即便"K01"断开，回路仍可经由"KMT1"→"KMT"→"QF1"→"YT"导通，直至断路器成功跳闸。

2.2.3　添加防跳回路

图2-4中的"KMT"与另一个继电器配合，就可以形成防跳功能。

　　KMT为线圈也是操碎了心，但此"防跳"非彼"防跳"，设想一下合闸的时候，合闸到了故障线路上，此时保护会发跳令跳开断路器。

　　但是，恰巧这个时候K02没有及时分开，或者发生黏连（常见原因：手合开关没及时松开把手，继电器节点损坏等原因），那断路器会在被跳开后紧接着再次合闸，如此反复，发出"啪啪啪"的声音，这就是通常所说的"跳跃现象"。

　　那么应该如何防止跳跃呢？应增加回路（以红色表示），如图2-5所示。

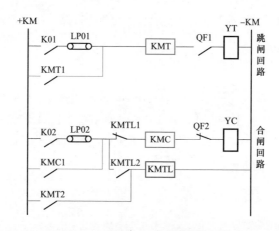

图 2-5 带防跳、保持的跳合闸回路

K01、K02—内部继电器；LP01、LP02—连接片；KMT—跳闸保持继电器；KMTL—防跳闭锁继电器；KMC—合闸保持继电器；YC—合闸线圈；YT—跳闸线圈；QF1—断路器动合触点；QF2—断路器动断触点

图中KMTL表示防跳闭锁继电器，当接通电源其动合触点将会闭合，动断触点将会分开；KMTL1表示防跳闭锁继电器的动断触点，KMTL2表示防跳闭锁继电器的动合触点；KMT2为跳闸保持继电器的另一个动合触点。

增加红色回路之后，再来推演一遍合闸于故障后，K02黏连会怎样：

（1）保护发跳令，跳闸回路导通，KMT励磁，KMT2闭合。

（2）KMTL励磁，KMTL1断开，KMTL2吸合。

（3）当保护跳闸完成后"KMT"失磁，KMT2断开，同时，"QF2"再次吸合。

由于此时K02一直黏连，导致KMTL继续励磁，维持KMTL1断开状态，断路器无法再次合闸。

这就是保护装置中防跳回路的作用，即防止断路器的反复跳跃而影响设备的可靠性能。当然除了保护装置外，断路器机构中也存在防跳回路，但是两者只能选其一，不然就会产生寄生回路，而出现一些预料不到的异常情况。

以上讲到了装置内部的防跳回路，即集成在操作插件上的回路，其实在断路器机构中也有类似的防跳回路。把图2-5的局部放大来看，断路器机构内部的防跳回路如下（如图2-6所示）：

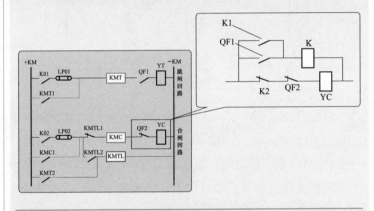

图2-6　断路器结构内部防跳回路

K01、K02—内部继电器；LP01、LP02—连接片；KMT—跳闸保持继电器；KMTL—防跳闭锁继电器；KMC—合闸保持继电器；YC—合闸线圈；YT—跳闸线圈；QF1—断路器动合触点；QF2—断路器动断触点；K—继电器；K1—继电器动合触点；K2—继电器动断触点

先忽略掉保护装置内部的防跳，假设某一时刻"K02"闭合，发出合闸信号，那么正电经K02、LP02、KMC、K2、QF2最后到YC，断路器开始合闸。如果由于机构原因断路器合闸瞬间又断开，恰巧此时合闸脉冲未解除，很可能就导致跳了合、合了跳的反复状态。

如何规避呢？注意观察断路器机构中加入了QF1和继电器K，在断路器机构合闸过程中如果又跳开了，那么此时断路器动合触点瞬时闭合，继电器K线圈励磁，K的动合触点使K继电器线圈自保持，其动断触点断开，切断合闸回路，使得断路器在合闸脉冲依然存在的情况下不能再次合闸。当合闸脉冲解除继电器K失去励磁后，就恢复到原来的状态，不影响下一次合闸。这就是断路器机构中的防跳。

保护装置防跳是为了在系统故障时，避免电气元件多次受大电流冲击而扩大故障。比如，某线路接地，没有防跳，断路器被反复分合，那么该线路所连接的母线将反复接地，大电流将有可能使母线损坏而扩大故障；机构防跳是保证断路器本身有故障，且合闸脉冲未解除，断路器只能合闸一次，避免断路器触头多次受到冲击。实际应用中，多采用两种防跳中的一种，一般多采用机构防跳。

2.2.4　添加监视回路

操作回路中除了防止断路器跳跃之外，还需要完成对开关分合位的监视，方便保护装置实时看到位置信息，还需在图2-5中再新增加一部分（以绿色表示），如图2-7所示，据此来讨论监视回路实现的机制。

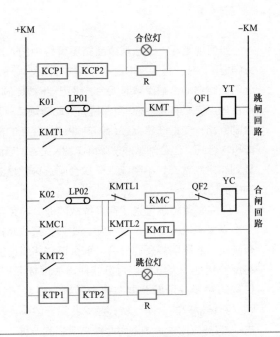

图 2-7　带监视、防跳、保持的跳合闸回路

K01、K02—内部继电器；LP01、LP02—连接片；KMT—跳闸保持继电器；KMTL—防跳闭锁继电器；KMC—合闸保持继电器；YC—合闸线圈；YT—跳闸线圈；QF1—断路器动合触点；QF2—断路器动断触点；KCP1、KCP2—合闸位置继电器；KTP—跳闸位置继电器；R—电阻

　　如果断路器在跳位，"QF2"触点闭合，这样借助合闸回路就可以让跳位监视回路导通。如此一来，断路器在跳位，跳位灯亮，完成监视。合位监视回路的实现过程，小伙伴不妨自己动脑推演一遍，毕竟实践出真知嘛！

2.2.5　添加手合手跳回路

　　以上说明的操作回路跳合闸的实现情况，只是满足了保护装置的需求。但变电站现场运行人员在操作过程中是通过把手来分合闸的，那操作回路该如何实现这样的功能呢，继续在已经形成的回路基础上来增加连续（粉色表示），如图2-8所示。

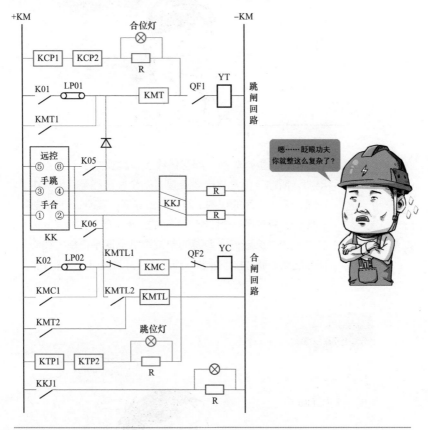

图 2-8　带手合手跳、监视、防跳、保持的跳合闸回路

K01、K02—内部继电器；LP01、LP02—连接片；KMT—跳闸保持继电器；KMTL—防跳闭锁继电器；KMC—合闸保持继电器；YC—合闸线圈；YT—跳闸线圈；QF1—断路器动合触点；QF2—断路器动断触点；KCP1、KCP2—合闸位置继电器；KTP—跳闸位置继电器；KKJ1—合后位置继电器；R—电阻

图2-8中，KK是一个操作把手，如果掰到手合位置①、②接点导通，一方面通过合闸回路触发断路器合闸；一方面使KKJ（继电器）励磁，KKJ1（KKJ的辅助接点）吸合，点亮合后灯。

课外
小知识

合后继电器
怎么长成这个小样儿?

KKJ

　　KKJ家里有矿呗，配了俩线圈，就变成了双位置继电器，所谓双位置继电器就是有两个励磁线圈，当其中一个线圈（下面的线圈）所在回路导通，其KKJ1辅助触点吸合，只有另一个线圈（上面的线圈）所在回路导通该辅助触点才会断开。普通的单位置继电器是在单一线圈所在回路导通时接点吸合，当回路断开时接点自动断开。

有矿就不公平，
分和合都由我操纵。

所以搞这么复杂
有啥用呢?

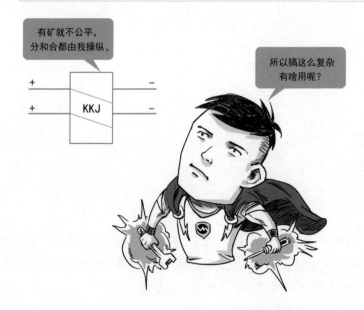

合后继电器KKJ的最大作用就是区分断路器是由手动分开还是保护跳开。如果是手动分闸，KK把手打到手跳位置，③、④接点导通，KKJ上面的线圈励磁，KKJ1断开，此时合后灯熄灭；如果是保护跳闸，K01吸合完成跳闸，由于反向二极管的限制，并不能让KKJ上面线圈励磁，此时合后灯依然亮。

只有跳位亮，一定是手跳跳位合后亮，多半是异常。

以上完整的操作回路一般都集成在装置的操作插件上面，也就是我们在"2.1　手把手搭建一台继电保护装置"中提到的，从而实现保护跳合闸和手动分合闸。操作插件跟其他功能插件一起组成了保护测控装置，保护测控装置安装在屏柜上，通过电缆与断路器机构间产生相互联系，这样也就形成了本节开头的完整示意图，构成了一个完整的操作回路。如果再有人问你保护装置到底是如何跳开断路器的，请跟他吹牛，啊，不对，我的意思是好好讲讲这个过程。

当然还有一个问题小电工没有提及，即寄生回路的问题，如果装置中的防跳回路和断路器机构中的防跳回路同时存在，就会产生寄生回路。至于寄生回路及其现象，欢迎小伙伴拿起笔来，看能不能画出个大概。

2.3 深入浅出趣解电流电压互感器

保护装置通过交流插件采集到电压电流后，发送给CPU来判断系统是否正常，如出现异常，将通过上节所讲的操作回路完成跳合闸。那电压、电流是如何传递到装置中的呢？

什么？它们还有微信群，这小电工是真不知道。小电工知道的是它们之间有一个类似于操作回路的回路，我们称之为交流回路，该回路可以分为两个部分，即电压回路和电流回路，如图2-9所示。电压互感器所在回路即电压回路，电流互感器所在回路即电流回路。

电流的采集过程是这样的：电流互感器串联在A相中，采集一次电流后经互感器转化为二次电流，经过屏柜端子排后，直接到交流插件的A相电流采集端子1nA03+端，在装置内部处理后，从1nA03-端流出后，再经端子排连接到电流互感器的x端。

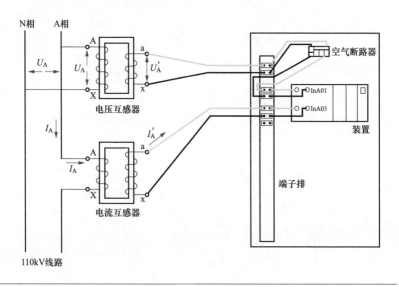

图 2-9　电压、电流回路

电压的采集过程是这样的：电压互感器并联在线路A相和N之间，采集一次电压后，经互感器转化为二次电压，经过屏柜端子排→空气断路器→屏柜端子排后，接入到装置交流插件中的A相电压采集端子1nA01的U_a和U_n，这样装置即可采集到电压。

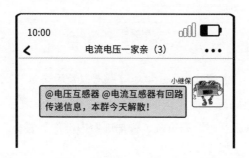

电压、电流回路相对简单。在采集过程中，电压互感器和电流互感器才是绝对的主角，如果对两者有个清晰的认识，那么再理解保护装置采集电压、电流的问题就会更加轻松。

2.3.1 电流互感器及其回路

电流互感器的作用是将大电流转化为保护装置能接受的小电流,进而传递给保护装置,供其做决策使用,它串联在回路中,且回路结构很简单,如图2-10所示。本节只对其原理和标注问题做介绍。

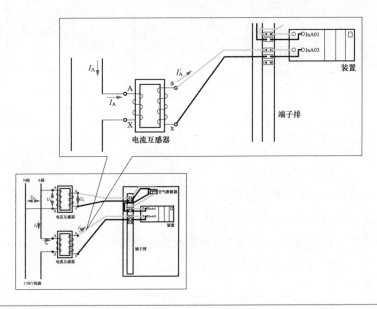

图 2-10 电流互感器及电流回路

(1)原理。电流互感器、电压互感器以及后续章节所讲到的主变其实都是基于电磁感应而工作的。对于图2-10,抽丝剥茧去掉多余的部分,只保留电流互感器和负载(暂把屏柜内部的装置称为负载),形成图2-11。

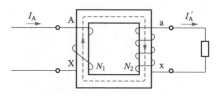

图 2-11　电流互感器原理

一次绕组由于线路电流I_A的电磁感应而产生了贯穿整个铁心的磁通量，二次绕组由于铁心中不断变化的磁通量切割线圈而感应出了电流I_A。

其实，这也就是电生磁和磁生蛋电的问题，一次绕组是串联在线路上的，肯定有电流流过，在某一时刻假设方向如图2-12所示。

用右手螺旋定则可以知道，由电生出的磁通量方向为红色箭头方向，指向上面。

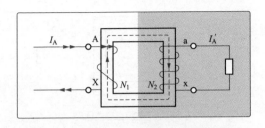

图 2-12　电流互感器一次绕组感应磁通方向

铁心是一个封闭回路，所以这个磁通量就会绕铁心转一圈，绕到了二次绕组这一侧，方向向下，如图2-13二次绕组中向下的红色箭头所示。

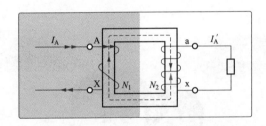

图 2-13　电流互感器二次绕组感应磁通方向

到这个时候楞次定律就生效了，可以把它理解成杠精定律，即不管干啥总有人跟你对着干。为了跟一次绕组产生的磁通量对着干，二次绕组就要产生一个反方向（绿箭头）的磁通量，这样的磁通量，就使二次绕组中感应出了电流，如图2-14所示。

根据右手螺旋定则可以得知电流方向如图2-14红色箭头方向。

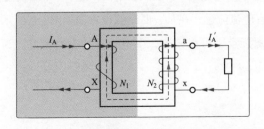

图 2-14　电流互感器二次绕组感应电流方向

右手螺旋定则

又叫安培定则, 定义是: 用右手握住通电螺线管, 让四指指向电流的方向, 那么大拇指所指的那一端就是通电螺线管的N极。图2-12中知道了一次绕组中电流I_A的方向, 右手四指弯曲指向电流方向, 于是得出了一次绕组中磁通向上的结论; 反过来, 如果知道了磁通的方向, 让右手大拇指指向磁通方向, 四指弯曲的方向就是电流的方向, 用词方法也就可以得出二次绕组中电流的方向。

楞次定律

关于楞次定律官方是这么定义的: 感应电流具有这样的方向, 即感应电流的磁场总要阻碍引起感应电流的磁通量的变化。

"小电工"的理解是感应电流的磁场就像叛逆的孩子, 总喜欢跟磁通对着干。

在以上讲解中, 既然二次绕组中的磁通向下, 那线圈自然要产生一个向上的磁通来阻碍其向下变化, 于是就得出了二次绕组线圈中的感应磁通的方向为图2-13中绿色箭头所指方向的结论。

　　根据楞次定律知道二次侧可以感应出电流，那么电流大小是多少呢？电流互感器的作用就是让大电流尽可能的变小，比如让1000A的电流小到1A或者5A，如何让一次电流变得这么小呢？很明显，靠的就是线圈的匝数比。

　　根据能量守恒定律，一次绕组的能量（磁动势）=二次绕组的能量（磁动势），即$I_1N_1=I_2N_2 \rightarrow I_1/I_2=N_2/N_1$。$N_2/N_1$即为通常所说的电流互感器变比，其中，$N_1$、$N_2$分别为一、二次绕组的匝数。

　　举个例子，假如TA变比为600/5，且一次电流为600A，那么二次电流即为5A，如此一来，装置通过交流插件只需要采集这个很小的电流，即可完成对一次电流的监测了。

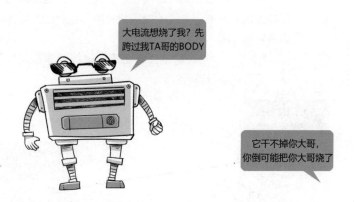

　　二次侧感应的磁通和一次侧的磁通可以相互抵消一部分，从而达到一种平衡状态。但是如果此时二次侧开路，就没人跟一次磁通"互怼"了，那么一次磁通一"膨胀"，就容易把TA给烧坏了。所以才有了电流互感器二次侧不能开路这一说法。

　　（2）标注。现实中的互感器不会像上面图示中把整个"身体"全部裸露在外面的，大家通常能看到的就只有4个端子。

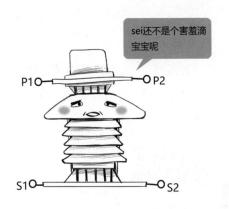

那么这4个端子应该怎么跟实际的线路和保护装置相连，才能确保实际一次电流跟保护装置采集到的一次电流方向是一致的呢。这个就涉及标注的概念。不好意思，还是需要再把电流互感器"脱光了"看看，如图2-15所示。

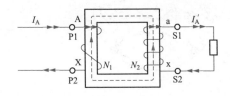

图 2-15　电流互感器极性标注

某一时刻，一次侧电流从线圈P1流入，P2流出，对于一次线圈而言，P1为正；同一时刻，二次感应电流从S1流向S2，对于二次负载而言，S1为正。

一般把同一时刻按照这种定义方式都为正的两个端子P1、S1称为同名端或者同极性端。因为对于绕组而言，P1是流入端，而S1却是流出，这种标注的方式又叫做减极性标注。

根据以上分析，对于一台电流互感器时，只需要让一次线路从P1接入，P2接出，保护装置（即二次装置）的正端连接S1、负端连接S2，就可以确保保护装置采集的电流方向和一次电流方向一致。

实际中只能有这一种接线方式吗？哪些因素会影响到同名端呢？P1和S2有没有可能称为同名端呢？小电工会在本书4.1.1节讲解主变保护的过程中回答这些疑问。

2.3.2　电压互感器及其回路

　　电压互感器就是"感受"电压的一种器件，它的原理跟电流互感器基本一致，本节简单介绍电压互感器的基本原理，同时对于电压回路中的重要概念电压并列回路做个简单梳理。

　　小伙子，电压不是这么测的……

　　对于正常变电站而言，一次侧电压高达10000V以上，像小电工那样徒手测电压，那瞬间咱妈就找不到咱了，10000V电压直接接入保护装置，那保护装置它妈也就找不到它了。所以这才有了电压互感器，并联在电压回路中，将高电压变为低电压。

（1）电压互感器的简单原理。电压互感器及其回路如图2-16所示。在介绍电流互感器中时讲到了$N_1I_1=N_2I_2$的概念，据此也可以知道$U_1/U_2=N_1/N_2$[1]。电压互感器就是通过这个绕组比，让二次侧的电压尽可能低，一般110kV电压等级而言，N_1/N_2可以为110kV/100V。

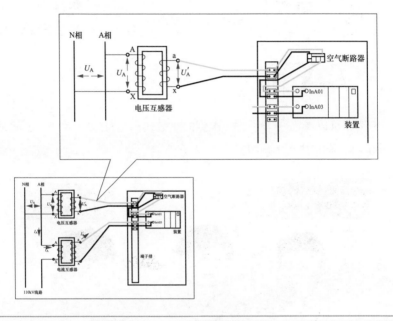

图 2-16　电压互感器及其回路

正常情况下110kV线路的相电压为$U_A = 110\text{kV} \div \sqrt{3} = 63.51\text{kV}$；由$U_1/U_2=N_1/N_2$可以推导出$U_2=U_1N_2/N_1$，所以得出$U'_A$[2]=63.51kV×100V/110kV=57.7（V）。该电压经过端子排和空开的简单回路直接送到保护装置，也就是说正常情况下保护装置屁股后面测量的电压就是57.7V，结合本书2.1节，交流插件将此电压变为数字量传递给CPU插件进行使用。

---

❶　此处可以利用功率平衡来推导，即 $P_1=U_1I_1=P_2=U_2I_2$，可以推导出 $U_1/U_2=I_2/I_1$，又知道 $N_1I_1=N_2I_2$，自然就有 $U_1/U_2=N_1/N_2$。
❷　此处指 A 相电压的二次值，类似表达还有 I'_A，表示 A 相电流的二次值。

57.7…57.7…57.7…

这就是在做保护装置的逻辑实验时把额定电压设置为57.7的原因。本书后面章节再讲到保护逻辑的校验时如提到加正常电压，一般都是指加57.7V的电压。

读者可以考虑一下一、二次侧的匝数比高达110kV/100V，也就是1100∶1，会有什么影响呢？

对于线圈而言，一次侧绕1100圈，二次侧才绕1圈，而且二次侧线芯更粗一些。如此一来，二次侧的线圈电阻将非常小，由欧姆定律$I=U/R$可知，如果二次侧此时发生短路，流过线圈的电流将很大，这时候线圈会发热引起电压互感器烧

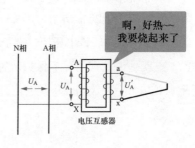

毁，这就是电压互感器二次侧不能短路的原因。

（2）电压并列回路。对于单母双分段接线型的变电站而言，每段
母线上都装设一个TV，如图2-17所示。

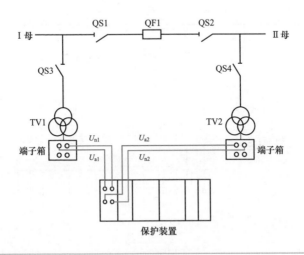

图 2-17　电压并列回路（一）

保护装置（比如母线保护）需要采集各段母线的电压。试想，在母
线不停电的情况下，TV1坏了。此时Ⅰ段母线实际有电压，但是按照上
面的方式保护装置就采集不到电压了。

那么如何解决TV1坏了采不到电压的问题呢？可以通过改变运行方式，让TV2来反映两段母线电压，但是前提是要增加一个装置，如图2-18所示。

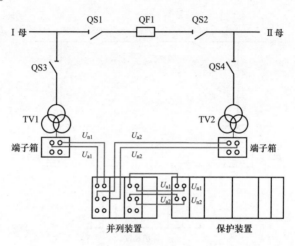

图2-18 电压并列回路（二）

以A相电压为例，如图2-19所示，一步步来捋一捋。想用TV2来反映Ⅰ母电压，首先要让一次系统并列运行。如此一来，Ⅰ、Ⅱ段母线电压相同，比如：Ⅰ母U_A等于Ⅱ母U_A。TV2采集的电压（比如U_{a2}）就可以代表两段母线电压。

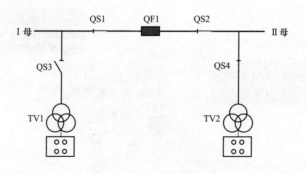

图2-19 两段母线并列运行

只需要把U_{a2}传递给保护装置U_{a1}、U_{a2}的接收端即可，最简单的方法就是在原有基础上再并联一组线，如图2-20所示。

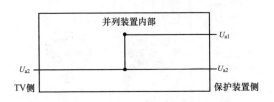

图 2-20　简化版电压并列原理

但是，这样每次就要手动去接很多线，很麻烦。人只要一懒，脑袋就会特别灵活，于是就想出了可以参考操作回路，增加一些继电器和一个把手解决这个问题，如图2-21所示。

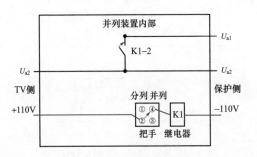

图 2-21　电压并列原理

这样把线都按照上面的方式接好，每次检修控制继电器分合就好了。当把手打至并列位置，②、④导通，K1励磁，K1-2触点吸合，TV侧的U_{a2}就可以传递给保护的U_{a1}和U_{a2}接收端使用了。

为了防止有人瞎掰，还得增加一道防护措施，只有在一次系统并列的时候才允许二次电压并列，如图2-22所示。

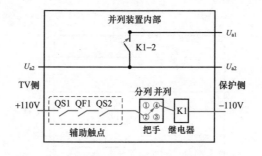

图 2-22   防"瞎掰"版电压并列原理

可以引入辅助接点，只有在一次并列且辅助接点吸合，把手才能起作用，否则瞎掰也没用。

在TV侧和保护侧之间的这个充满继电器和回路的装置，就是电压并列装置，这样的过程就是电压并列过程。

第 **3** 章

继电保护中的
"绿巨人"——母线保护

知人知面要知心，了解完保护装置的外观，本章就让我们深入到保护装置的内核中去一探究竟，也就是去探索保护逻辑原理的部分。前面章节我们分析到，微机继电保护的逻辑原理就集中在CPU这个大脑中，它给出的是一种通过比较电压电流从而准确识别故障并决定动作与否的方法。

亲爱的小伙伴你们会不会问："微机继电保护、古董继电保护和逻辑原理这三者之间有什么关系呢？"不管你们问不问，小电工却觉得有必要在正式开始本章之前把三者之间的关系说清楚。

保护装置的逻辑原理是建立在电路、电磁学、电机学等学科中的各类定律基础之上的，比如欧姆定律、基尔霍夫电流定律、安培定则等。老前辈们基于这些基本定律，通过对电力系统的分析，建立等效模型，从而总结归纳出了识别故障的方法，也就是逻辑原理。无论是微机继电保护还是电磁式继电保护都是基于这样的具体原理而实现特定功能的一种形式而已。

正如在本书第1章中所讲，以前各种保护的功能是依靠各类电磁继电器和复杂的接线组合而实现的，其实现过程是直观可见的，比如主变差动的功能，就是依靠TA的不同组别的接线，处理使各侧电流角度一致；依靠TA的不同变比，使得因联结组别不同而出现的幅值与实际不符的情况得以恢复；然后再将经过这种复杂方式处理后的各侧电流交给差动继电器比较，从而准确判断出故障。实现这一功能的基础正是逻辑原理。相较于这一复杂的处理方式，微机保护依靠软件算法就可以完美地处理好角度和幅值问题，从而简化外部硬件，软件算法实现的基础也是逻辑原理。

实际上，可以把微机保护中的这套软件算法跟电磁式继电保护通过复杂接线而实现的功能画上等号，可以说微机继电保护中的这套算法只是把电磁式继电保护通过硬件实现功能的过程软件化了而已，并没有在整个逻辑原理层面做太多改动。一提到差动保护，无论是电磁式保护还是微机保护比较的都是各侧的电流，一说到距离保护，两者比较的还是阻抗的大小，只是电流和阻抗的处理方式变了，一个依靠软件处理，一个主要依靠各类硬件和接线来处理。

3.1 漫画母线差动保护逻辑

3.1.1 一图看懂基尔霍夫电流定律

高中物理课本中讲到有一个德国人发现了一个规律，即所有进入某节点的电流的总和等于所有离开这个节点的电流的总和。

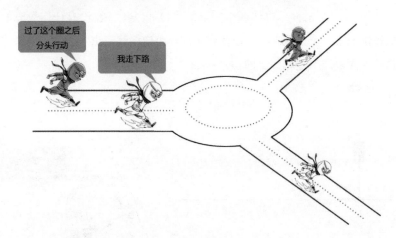

以上场景转化为图形，如图3-1所示。

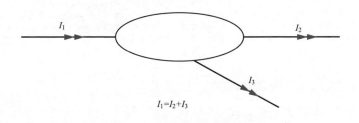

$$I_1 = I_2 + I_3$$

图 3-1　基尔霍夫电流定律示意图

发现这一规律的德国人叫做基尔霍夫，这个定律叫作基尔霍夫电流定律。一切计算差流的逻辑都基于此定律实现，本章即将讲到的母线差动保护以及后续章节的线路差动保护、主变变压器差动保护的逻辑原理都是基于此定律来实现的，随着对保护逻辑原理的讲解，对此定律将会有更深入的理解。

3.1.2　母线保护中的通用名词解析

先从最简单的单母线模型说起，逐一讨"老班长"在变电站现场、可能会用到的各个基础概念。

如图3-2所示，单母线两个间隔的主接线结构，在没有任何故障的理想情况下，流入深瑞线的电流将全部经由启橙线流出，此时，两条线路的一次电流一定相等，即 $|\dot{I}_1| = |\dot{I}_2|$。

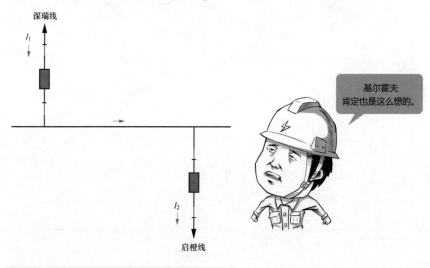

图 3-2　两间隔单母接线

如果此时出现问题，比如母线跟大地"勾搭"到了一起，疯狂朝大地"暗送秋波"，如图3-3所示。

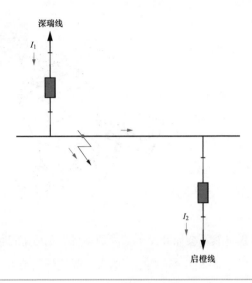

图 3-3 母线接地示意图

此刻，深瑞线依旧流入 $|\dot{I}_1|$ 大小的电流，但是从故障点开始这个电流"劈叉"了。

$|\dot{I}_1|$ 的一部分流入了大地，假设用 $|\dot{I}_f|$ 表示，另一部分流向了启橙线，依旧用 $|\dot{I}_2|$ 来表示，那么则有

$$|\dot{I}_1| = |\dot{I}_2| + |\dot{I}_f|$$

也就是说，每当 $|\dot{I_1}|$ 不等于 $|\dot{I_2}|$ 的时候，系统就有可能出现了故障，母线保护装置如果据此来做判断，基本可以识别出母线上的故障，这一简单的原理就是母线差动（后称母差）的基础。

实现的过程自然不会如此简单，读到这里大家可能已经想到了几个问题，比如：母差怎么知道这些电流的大小呢？任何地方发生故障都会引起流入、流出电流不相等吗？

跟上小电工的节奏，我们就来逐一解决这些疑惑。

（1）差动电流。$\dot{I_1}$、$\dot{I_2}$、$\dot{I_f}$ 三者这么"八卦"的关系，母线保护装置是怎么知道的呢？

我们把告密者——电流互感器TA画到原理图中，如图3-4所示。

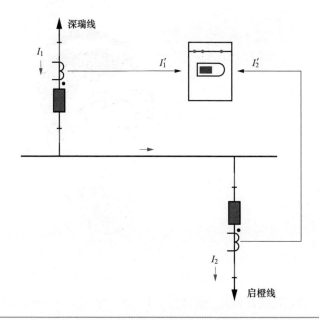

图 3-4 母线保护采集电流示意图

既然引入了TA，那当然要考虑极性，TA的同名端❶一般统一靠近母线侧。这样，深瑞线的电流从TA的同名端流出，启橙线的电流从TA的同名端流入，两条线路TA感应出来的二次电流方向相反。

假设2个TA变比相同❷（本章的所有分析都基于支路TA变比相同），正常运行时，两条线路的一次电流大小相等，那经TA转换后的二次电流也必然大小相等。用$\dot{I}_\mathrm{d}$来表示两个二次电流的向量和，则有

$$\dot{I}_\mathrm{d} = \dot{I}'_1 + \dot{I}'_2$$

正常运行时，$|\dot{I}_\mathrm{d}|$一定为 0；如果母线上出现了接地故障，二次电流大小变得不再相等，那么$|\dot{I}_\mathrm{d}|$将大于0。

---

❶ 此处指标记为"黑点"的一端，再本书 4.1.1 节中将会对同名端做详细讲解。
❷ 为方便计算，此处假设变比相同，实际电力系统中的各支路有可能存在不同的变比，此时母线保护装置内部将通过"基准变比"这一概念，抵消变比不同而带来的差流影响。

这个用于判断是否存在故障的"$\dot{I}_d$"，就是常说的差流，它表示各个支路二次电流的向量和。通常意义上，$\dot{I}_d = \dot{I}'_1 + \dot{I}'_2 + \cdots + \dot{I}'_n$。

（2）区内与区外。前面说母线本身出现了故障，会有差流产生，那其他地方（比如非母线本身）出现接地故障也会产生差流吗？母线保护管控的范围到底有多大呢？

大家就跟着小电工的步伐推演一遍，看看母线保护到底在哪一片好使，如图3-5所示。

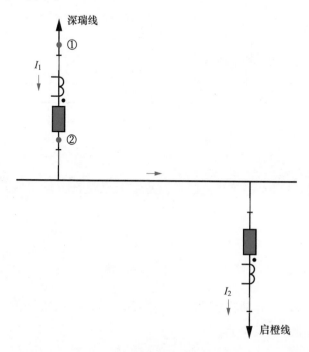

图 3-5　区内区外接地对比

假设故障点在①的位置，由于还没经过TA，深瑞线的电流就"劈叉"了，此时，深瑞线TA采集到的电流为$|\dot{I}_1|-|\dot{I}_f|$。因为中间再没有其他故障点，所以启橙线TA采集到的电流也为$|\dot{I}_1|-|\dot{I}_f|$。此刻一次差流为0，二次差流自然也为0（本章的后续分析中如提到差流为零则表示一、二次均为零，反之亦然），母线保护都不知道有故障发生了。

假设故障点在②的位置，也就等同于故障点在母线上，此刻差流不为0，母线保护可以判断故障发生。

一般把两个TA之间的区域叫做区内，之外的区域叫做区外，如图3-6所示。

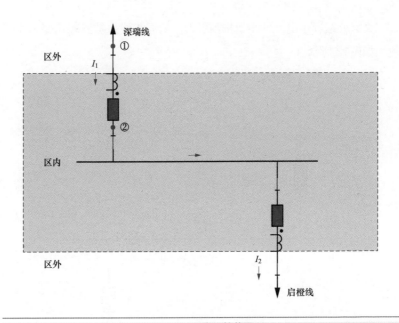

图 3-6   区内区外范围

母线保护的差动功能只对区内的故障有反应，区外的故障，实力它不允许，也就没反应了。

（3）死区。有人会问了，为啥TA装设在断路器之外的线路侧，而不是在断路器和母线之间呢？如果装设在这之间会有什么状况呢（如图3-7所示）？

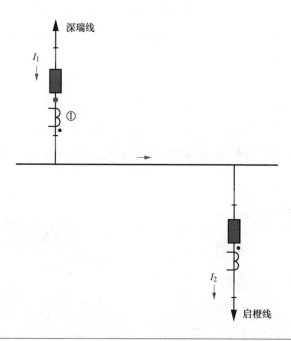

图 3-7　死区故障

假设把TA从原来的位置移动到图中①的位置，很巧的是这时断路器跟TA之间出现了接地故障，结合刚刚说的区内与区外的概念，母差会认为此故障属于区外不动作。

相关装置，比如线路保护在判断出过流的时候还能作为，跳开了深瑞线断路器，但是故障并没有实际消除，母线依然通过故障点接地，极易引起更大的事故。

这样的一个保护装置动作跳开断路器后仍旧没办法隔离的"死穴"，通常就把它叫做死区。理想情况下，我们更希望TA和断路器合为一体，这样死区也许就不会出现。

（4）保护动作。当母线保护根据以上过程检测到差流，且高于其内部整定值时，其将把与此母线相关联的全部断路器跳开，最大限度地隔离故障，一通神操作，大力出奇迹，这也是标题将其比喻为"绿巨人"的原因，有时候力度把握得不是太好。

母线保护   非故障间隔

如此一来，对于单母线而言，只要出现超越门槛值的差流，单母线上即便是非故障间隔也将被跳开，从而整条母线停电，特别简单粗暴。那么，对于双母线而言，这种状况会有所改善吗？

3.1.3　双母接线母线保护中的专有名词

按照小电工的分析套路，先从一个简单的双母线模型谈起，来聊聊双母线中有哪些特殊概念，如图3-8所示。

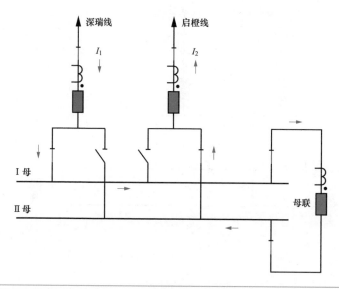

图 3-8 两间隔双母分段接线

借助差流就可以判断区内与区外是否发生了故障，对于双母线而言，这个概念还适用吗？

假设系统完全正常，没有任何故障，那么流入深瑞线的电流将全部从启橙线流出，此时，$|\dot{I}_1'| = |\dot{I}_2'|$，差流 $\dot{I}_d = \dot{I}_1' + \dot{I}_2' = 0$。

如果此时 II 母线上出现了一个接地故障，如图3-9所示。

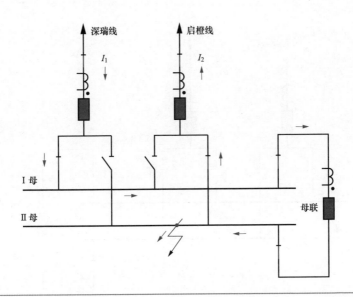

图 3-9　母线接地故障示意图

那么，当电流进入到 II 母线的时候，一部分流向了大地，另一部分继续流向启橙线，此时，$|\dot{I}_1'| \neq |\dot{I}_2'|$，$\dot{I}_d = \dot{I}_1' + \dot{I}_2' \neq 0$。

如果有差流，即可表示区内出现了故障。那对于母线保护而言，单母线和双母线的区别在哪里呢？

如果是单母线的系统，那么当区内任何一点出现故障，连接在母线上的所有支路都将被跳开，为了避免这个情况，引入了双母线，故障母线被跳开，另一正常母线继续运行，如此一来，可以提高系统的稳定性。

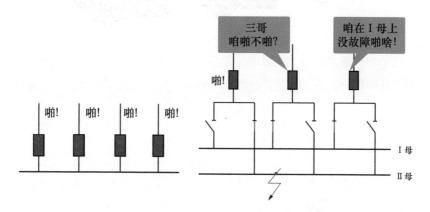

那么问题来了，对于双母线而言，母线保护装置是怎么知道哪条母线出现了故障呢？下面将基于此问题的解答来说明母线保护在双母线中应用时比在单母线中应用时额外用到的几个概念。

（1）大差、小差。把用来区分区内与区外故障的差流叫做大差电流（简称大差），按照图3-9中I_1和I_2向量相加计算得到的差流就是大差；把能区分出双母线中哪条母线故障的差流叫做小差电流（简称小差），那么小差该如何计算呢？

回忆一下，基尔霍夫曾经曰过：对于电路中的任何封闭节点，流入电流之和=流出电流之和，前文把整个双母线系统看做一个封闭节点算出了大差，那是不是可以缩小范围，把单根母线作为一个封闭曲面来计算小差电流，并判断单根母线的故障情况呢？

树人说："推演是学习继电保护的好方法。"

依旧假设故障发生在Ⅱ母，然后先推演Ⅰ母的差流，把图3-9中Ⅰ母之外的部分去掉，简化后如图3-10所示。

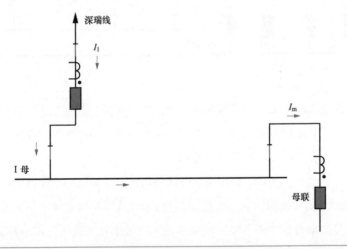

图 3-10   母线接地故障时Ⅰ母线差流情况

电流I_1流入深瑞线，经过母联流出I_m，此时$\dot{I}_{d1} = \dot{I}_1' + \dot{I}_m' = 0$，即以Ⅰ母为闭合曲面的节点差流为0，那么母差就可以据此判断Ⅰ母无故障。

以同样的方法分析一下Ⅱ母，如图3-11所示。

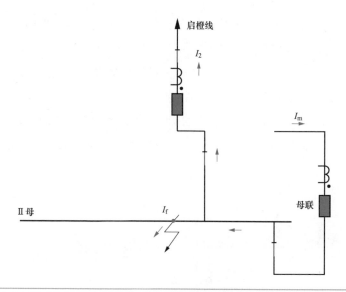

图 3-11　母线接地故障时 Ⅱ 母线差流情况

电流I'_m（大小等于I'_1）从母联流入，流经 Ⅱ 母后，一部分流向故障点，一部分经由启橙线流出，则$\dot{I}'_m = \dot{I}'_2 + \dot{I}'_f$，此时，$\dot{I}_{d2} = \dot{I}'_2 + \dot{I}'_m = \dot{I}'_f \neq 0$，母差就可以据此判断 Ⅱ 母有故障。

　　面对以上故障，母线保护会把启橙线和母联的断路器跳开，这样既可隔离故障，又能确保深瑞线的安全稳定运行。

　　（2）母联死区。并不是任何故障母线保护都能成功隔离开，比如遇到"死区"这一状况时，即便断路器跳开了，故障依然跟运行系统产生联系。双母线中会出现一个特殊的死区，即TA和母联之间的区域，如图3-12所示。如果在此发生接地故障，母差该如何反应呢？继续推演。

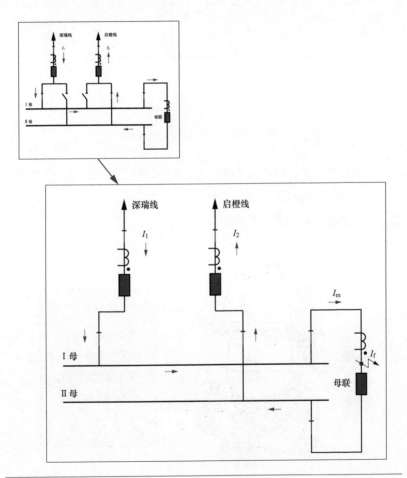

图3-12　母联死区故障

此时，大差电流 $\dot{I}_{\mathrm{D}}=\dot{I}_1'+\dot{I}_2'=\dot{I}_{\mathrm{f}}'\neq0$，证明母线区内存在故障，Ⅰ母小差电流 $\dot{I}_{\mathrm{d1}}=\dot{I}_1'+\dot{I}_{\mathrm{m}}'=0$，Ⅱ母小差电流 $\dot{I}_{\mathrm{d2}}=\dot{I}_2'+\dot{I}_{\mathrm{m}}'=\dot{I}_{\mathrm{f}}'\neq0$。

没错，把跳开后的非故障母线Ⅰ母与电力系统的连接情况简化，如图3-13所示。

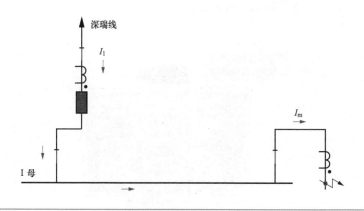

图 3-13　母联死区时Ⅰ母差流情况

深瑞线此时依然跟故障点连接在一起，而且很快会被吸干，这就是母联死区故障，也就是说保护装置在这一"嘎达"不好使。

（3）死区动作逻辑。当母差检测到母联断路器已经处于断开状态，且此时母联TA中依然有电流流过时，那么它就有理由认为，故障依然存在，而且存在于TA和断路器之间。

此时，母差将通过内部逻辑"封住"母联TA，也就是说不再把此时的母联TA采集的电流纳入小差计算，如此一来，Ⅰ母差电流$i_{d1} = i'_1 \neq 0$。母差保护据此就可以顺利跳开深瑞线，从而彻底隔离故障，控制事故范围。

3.1.4　复式比率差动

以上两节中的内容中隐含了一个规律：当实际差流大于某个差流定值时，差动保护就会有选择性地跳闸，即 $|\dot{I}_{\mathrm{d}}| > |\dot{I}_{\mathrm{dset}}|$ 时，保护出口。

母线保护如果只根据这个条件来决定动作与否会不会太草率了呢？

这么随意吗？不知道对不对，就chuachua地写了两节。

我的意思是，只考虑这么一个条件就来决定是否动作够不够？

本节咱就来"掰扯掰扯"只依靠这一个条件来判断故障有何缺陷，以及更加完善的判断条件是什么。

首先考虑在电流互感器中常见的问题，即TA饱和。

（1）TA饱和。电流互感器是母线保护的"眼睛"，可以将测量的电流实时地反馈给母线保护。正常情况下，互感器和母差保护的信息传递很正确，但是凡事总有个极限。

就像一台秤，如果它的

呼……体重终于控制住了，维持在了250，开心！

极限就是"250"，即便你胖过了"250"，它依旧只能告诉你现在是"250"，当电流大小超过了一个极限，电流互感器也就没办法准确地将一次值转化为二次值，然后传递给保护装置了。这种现象就叫做TA饱和，即达到了TA转化的极限值。

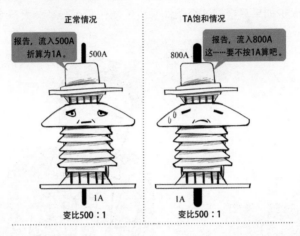

TA饱和会对母线保护的逻辑判断过程造成什么影响呢，举例说明。假设正常情况下各支路电流大小和方向如图3-14所示。

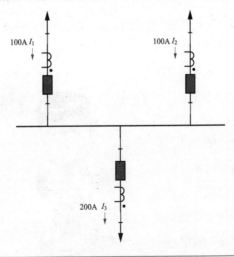

图 3-14　正常情况三支路电流情况

各支路电流互感器的变比均为500∶1，那么电流互感器转化出的供母线保护判断用的二次差流 $|\dot{I}_d| = \dfrac{|\dot{I}_1|}{500} + \dfrac{|\dot{I}_2|}{500} - \dfrac{|\dot{I}_3|}{500} = 0.2 + 0.2 - 0.4 = 0$，差流为0，母线保护认为系统无故障。

如果此时支路3发生区外接地故障，短路电流瞬间增大，假设其数值大小为800A，则相应的支路1、2的电流分别为400A，如图3-15所示。

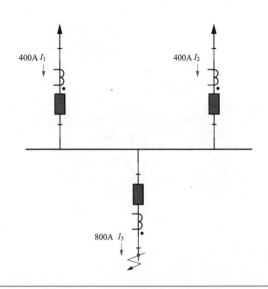

图 3-15 TA 饱和情况三支路电流情况

此时，受TA饱和的影响，支路3流过800A电流时，TA最多能感应出1A电流，

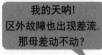
我的天呐！区外故障也出现差流，那母差动不动？

$$|\dot{I}_d| = \frac{400}{500} + \frac{400}{500} - \frac{500}{500} = 0.6A$$

（虽然支路3一次电流实际为800A，但是互感器的极限是500A，所以支路3感应出来的二次电流为1A）。

如果母差只根据 $|i_d|>|i_{dset}|$ 来决定动作与否，则很有可能由于类似以上TA饱和时不平衡电流的出现，使得母线保护即便在区外故障时也动作跳闸，管了不该管的区域，引起事故。

因此，紧靠这一个条件显然不足以应付特殊情况，为此，需要考虑增加另外的限制条件，让母线保护在区外故障时可靠制动。

（2）比率差动。截止到目前本章所讲的，当 $|i_d|>|i_{dset}|$ 时，母线保护即动作的过程，可以用图3-16来表示。

图3-16　$I_d > I_{dset}$ 的图形表示

在这个一维的坐标中，除了比 $|\dot{I}_{\text{dset}}|$ 这一点小的部分外，如不增加其他限制条件，母线保护都无差别跳闸，就像我们熟知电影中的那个"绿巨人"一样，超过一定极限就无差别攻击。

为此，可以考虑增加一个维度，来限制母线保护遇到TA饱和等特殊情况，同时又是区外故障时还动作的情况。比如在原有 $|\dot{I}_{\text{d}}|>|\dot{I}_{\text{dset}}|$ 条件基础上，增加 $|\dot{I}_{\text{d}}|>KX$ 条件，只有这两个条件同时满足，母线保护才能动作。基于这一条件的二维坐标如图3-17所示。

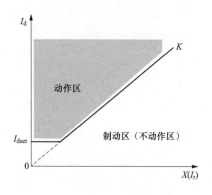

图 3-17　复式比率差动的图形表示

如此一来，依照图3-16中 $|\dot{I}_d|$ 只要大于 $|\dot{I}_{dset}|$，就可以肆无忌惮动作的母线保护，将被限定在可控区域进行动作，也就是图3-17中的"动作区"，只有计算到的数据点落在"动作区"，保护装置才能动作，落在"动作区"之外则不会动作。

模型是有了，但这个 KX 该怎么定呢？

经过专家的不断探索，最终各支路电流的绝对值之和成为制动的关键因素，用 I_r 表示，通常意义上的 $|\dot{I}_r|=|\dot{I}_1|+|\dot{I}_2|+\cdots+|\dot{I}_n|$。

依旧用TA饱和的例子推演一遍在引入了制动电流后，母线保护的动作情况。假设差动电流定值整定为 $|\dot{I}_{dset}|=0.4\text{A}$，此时

$$|\dot{I}_d|=0.8+0.8-1=0.6(\text{A});$$
$$|\dot{I}_r|=0.8+0.8+1=2.6(\text{A});$$

母线保护动作需要同时满足以下条件：

$|\dot{I}_d|>0.4$	①
$|\dot{I}_d|>K|\dot{I}_r|=K\times2.6$	②

就当前的假设来看，条件①完全满足，条件②是否满足取决于 K 的大小，行业中这一 K 值，大多数固定为0.5或者0.3，但是无论取哪一个，条件②均不满足，这时母线保护面对TA饱和时的区外故障就被可靠制动。

前面说到K值固定为0.3或者0.5，为什么要有两个值呢，到底用哪一个呢？看个图，就透彻了。

如图3-18所示，当K取高值0.5时，保护动作区小，制动区大，保护可靠性高；当K取低值0.3时，保护动作区大，制动区小，保护灵敏度高。

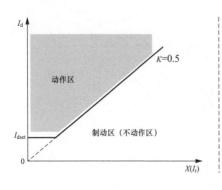
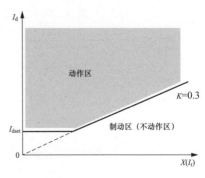

图 3-18　复式比率差动不同 K 值的保护范围

一般而言，在母联断路器处于合位时，保护装置自动取K的高值，即0.5作为限制条件；分位时取K的低值，即0.3作为限制条件。斜率不同，其"动作区"和"制动区"不同，一般把跟斜率有关的差动原理叫做比率差动。

但是这样的比率差动就完美了吗？有没有可能仍存在特殊案例呢？

（3）复式比率差动。人类在追求完美的过程中总是"吹毛求疵"，而任何事物总有可以改进的空间。

比率差动虽然能抑制不平衡电流引起的误动，但是正常的区内故障也有可能被抑制，以图3-19所示的简单区内故障为例来说明。

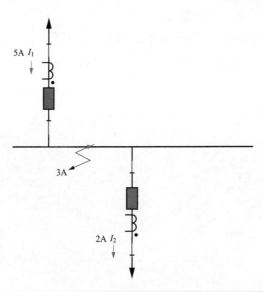

图3-19　区内故障被抑制示例

假定 $|\dot{I}_{dset}| = 0.4A$ 。由图可知，此时 $|\dot{I}_d| = 3A$ ， $|\dot{I}_r| = 7A$ ，在如下条件中

$$|\dot{I}_d| > |\dot{I}_{dset}| = 0.4 \qquad (3\text{-}1)$$

$$|\dot{I}_d| > K \times |\dot{I}_r| = 0.5 \times 7 \qquad (3\text{-}2)$$

式（3-1）满足，式（3-2）不满足，虽然为区内故障，但是保护却拒动了。

为防止这种情况的发生，专家们经过摸索，将第二个条件增加了一个参数，改为如下的形式

$$|\dot{I}_d| > |\dot{I}_{dset}| \qquad (3\text{-}3)$$

$$|\dot{I}_d| > K(|\dot{I}_r| - |\dot{I}_d|) \qquad (3\text{-}4)$$

将图3-19中简单模型中的电流带入以上公式，式（3-3）、式（3-4）均满足，母线保护这时就可以正确动作。

在房子上增加一层，叫做复式房子，在比率差动的基础上增加个参数，就叫做复式比率差动。到目前为止，这个原理还算靠谱，如果某一天又出现了某些特殊情况，也许还会有新的差动原理出现呢，比如汉堡包差动（在差动两端都加上条件），韭菜盒子差动（给差动里面填上限制）……

以上内容就是母线差动原理的基本内容，回想一下本章开篇所讲，其实逻辑原理的建立过程都是基于某一个或几个最简单的定律，然后再结合电力系统的实际运行过程中可能出现的故障情况不断添枝加叶，最后形成一套适应现在电力系统需求的逻辑原理，微机保护装置就基于此原理实现了具体的保护功能。

但是当前的原理并不一定就是完美的，电力系统如此复杂，保护原理的创造者也不可能穷举出系统中所有可能的故障情况，也许在某一次无法预料的故障导致母线保护误动或者拒动时，原理就会完成一次细小的进化，如此不断根据实际情况而更加完善。

3.2 漫画母线失灵保护逻辑

如果系统出现故障，保护装置会迅速发跳闸命令跳断路器，但是，如果断路器不配合怎么办？

这种状况很有可能发生，比如断路器跟腱跳闸线圈坏了、操动机构坏了，导致故障间隔的断路器就是跳不开，从而故障无法被隔离，传导至整个系统，造成更大事故。

这时，我们可以考虑让保护装置扩大范围来隔离故障，如图3-20所示。

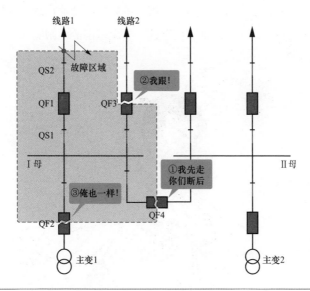

图 3-20　失灵保护动作示意图

如果图3-19中的线路1发生短路，因为各种原因断路器QF1无法被线路保护装置跳开，此时可以让另外的保护装置先跳开QF4，将II母线隔离在故障点之外，然后再跳开QF2、QF3，将主变和线路2隔离在故障点之外，一般把这个过程叫做失灵保护动作过程。

正常区域　　　　　　　　　故障区域

如此一来，也可以通过"绕一圈"的方式成功地将故障区域与正常区域分开。那么，一般由谁来实现这一扩大范围的跳闸呢？

母线保护确实有这个实力，本节就来讲讲面对失灵时，母线保护的逻辑原理如何实现。

3.2.1 失灵开入

以图3-20中线路1接地为例，由于故障在区外，在母线保护看来，其流入、流出相等，母线处于正常状态，所以母线差动逻辑并不会动作。

此时，线路1间隔的线路保护装置会率先识别出异常，并发出跳闸命令，同时开始计时，当超过了正常跳闸时限后，仍检测到该线路上存在电流时，线路保护就会认为断路器没有跳开。

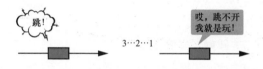

此时，线路保护装置会发送一个"失灵信号"传递给母线保护，向其求救。

兼听则明，偏信则暗，为了防止线路保护装置乱传信号，导致母线保护误动作，还需要另一个判断依据。

3.2.2 复合电压

在正常的系统中，母线上的三相电压幅值和角度均正常，一般保护装置上采集到的电压就是57.7V，并相差120°。

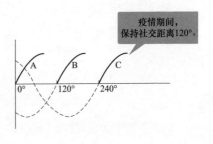

如果一条线路接地，电压的平衡将被打破，比如导致相电压降低，零序、负序电压的出现等，如图3-21所示。

母线保护在收到失灵开入的同时，结合电压异常，即可定义此时为故障状态，需要跳闸。当然，跳闸也不是一瞬间完成的，还需要考虑时间的延迟。

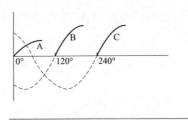

图 3-21　A 相电压异常波形

3.2.3 动作延时

母线保护装置也有侥幸心理，它会想："我先跳一个断路器，万一故障隔离了，就不用扩大范围了嘛。"当然，如果故障不能被隔离，就延时后继续跳闸，动作过程如图3-22所示。

图 3-22　母线失灵保护动作延时

"延时2"要长一些，等跳完分段再跳I母所有设备。

以上就是失灵保护的原理。虽然它很简单，但是作为后备保护而存在却意义重大，能够在断路器失灵时，通过扩大的方式隔离故障而维护系统安全。

3.3 手把手教你做实验——验证比率系数高值

"毛爷爷"说实践出真知，面对一台微机保护装置，它到底能不能实现这个逻辑过程，需要动手做做实验确认一下。

在实际应用过程中，通过实验验证K值的大小是必不可少的，本节咱就动手试试如何完成对比率系数高值$K=0.5$的验证（此实验以长园深瑞BP-2C母线保护为例，各厂家装置实验方法略有区别，具体实验中请以实际为准）。

3.3.1 理思路

很多人都有一种"脑子"会了，手不会的真实感受，那是因为理论和实验之间还缺了一步思路梳理。关于本实验，我们首先要搞明白，K是谁。

其实，K就是斜率，先抛开继电保护

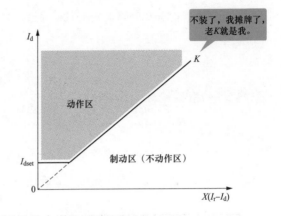

不谈，这题就是给定公式$Y=KX$，然后求斜率K，只不过在实验的过程中，需要我们自己寻找合适的X、Y而已。

所以求K的问题，就变成了寻找X，Y的过程。我们先考虑一种最简单的模式，赋予X一个固定值X_1，通过实验来寻找Y，怎么找呢？

如图3-23所示，让Y从0开始持续增加，当母线保护动作了，则表示Y落在了斜线上，这样我们就找到了合适的值Y_1，然后通过$K=Y_1/X_1$，即可得出K值大小。

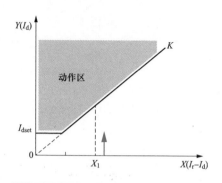

图 3-23　复式比率差动 K 值验证方式

那应该如何加量才能确保X是个固定值呢？以双母线为例，模拟3条支路运行，那么

$$X_1 = |\dot{I}_r| - |\dot{I}_d| = (|\dot{I}_1| + |\dot{I}_2| + |\dot{I}_3|) - (\dot{I}_1 + \dot{I}_2 + \dot{I}_3)$$

其中，$\dot{I}_1$、$\dot{I}_2$、$\dot{I}_3$分别表示三条支路的A相电流。

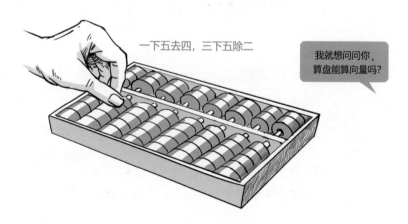

为方便计算，定义$\dot{I}_1$为正方向，$\dot{I}_2$跟$\dot{I}_1$大小相等方向相反，$\dot{I}_3$正方向，则

$$X_1 = |\dot{I}_r| - |\dot{I}_d| = (|\dot{I}_1| + |\dot{I}_2| + |\dot{I}_3|) - (\dot{I}_1 + \dot{I}_2 + \dot{I}_3) = 2|\dot{I}_2|$$

在实验过程中，只需确保支路1、2电流相等方向相反即可，比如都

取1A，那么X_1就可以固定为2。

$$Y = |\dot{I}_d| = |\dot{I}_1| - |\dot{I}_2| + |\dot{I}_3| = |\dot{I}_3|$$

所以在实验中，只需缓慢持续调整$\dot{I}_3$直至保护动作。

然后记录下动作时$\dot{I}_3$的数值，即可算出$K = \dfrac{|\dot{I}_d|}{|\dot{I}_r| - |\dot{I}_d|} = \dfrac{|\dot{I}_3|}{2}$。

做实验总得准备点儿啥嘛。

3.3.2　做准备

每个实验都应该从定值和工具两个方面去准备。

（1）定值。定值分为控制字型定值和数值型定值两大类。

只有1(投)、0(退)两种状态

连续的数字量

控制字型定值可以实现对保护功能的控制，只有控制字投入，对应的保护功能才生效。

数值型定值是区分系统正常与否的边界，当保护采集的模拟量超过此边界，保护即可判定其故障，此时如果控制字和硬连接片都投入，则保护装置就可以动作。

把与本实验相关的"差动保护"控制字整定为"1",同时把"启动电流定值"整定为"0.5",其他定值可保持默认或退出状态。

（2）工具资料。呐,做实验嘛,最要紧的就是工具资料啦,本次实验需要用到的有:

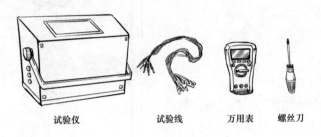

试验仪   试验线   万用表   螺丝刀

当然,图纸说明书也记得带好,一切就绪,下面就开始动手做实验!

3.3.3 搞实操

（1）接线。按照之前梳理的思路,随意选择3个支路给A相加电流,完成实验仪和装置间的接线,如图3-24所示。

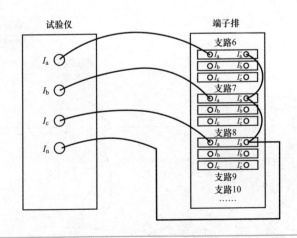

图 3-24   复式比率差动实验接线方式

也就是说用实验仪的A相给支路6的A相加量，实验仪的B相给支路7的A相加量，实验仪的C相给支路8的A相加量。

（2）设置。让支路6、7的数值大小相等方向相反，都为1A，让支路8的数值从0开始，步长为0.1，不断增加，电压可以暂不做考虑，如图3-25所示。

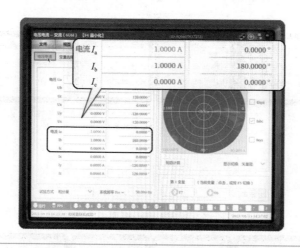

图 3-25　复式比率差动实验实验室设置

（3）开始。这一步最简单，点击开始按钮，然后手动增加步长，直至保护动作。

一下一下地加，别太快，加量的时候看一下保护的采样是否正确。

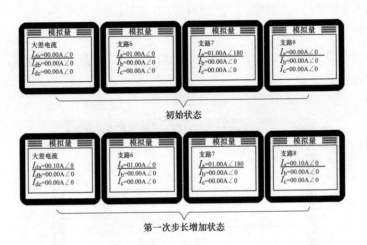

3.3.4 记数据

当保护动作时，就不要再加量了，记录好此刻装置的采样值。

计算出 $K = \dfrac{|\dot{I}_3|}{2} = 0.55$，为什么是0.55而不是理论所讲的0.5呢？那
是因为步子太大了，如果想要更精确，可以换做步长为0.05再试试。

还等什么呢，找个装置去动手试试吧！

扫码观看母线差动保护实验过程

第 **4** 章

继电保护中的"大护卫"
——主变保护

　　母线保护所保护的对象很简单，简单到可以理解为一根铁棍儿上面引出了几根线，所以其逻辑原理相对而言也是比较简单的；主变保护所保护的对象就要复杂得多，因此，其原理也相对复杂一些。不过学知识嘛，就是要先易后难，小电工相信这样正符合各位小伙伴的胃口。

　　要了解主变保护的差动逻辑原理，首先就得对主变有个大概的了解，先建立它的等效模型，然后基于这样的模型再来探讨主变保护的差动逻辑原理。

4.1　揭秘变电站"小主"的真容

　　作为变电站中最身价不菲的设备，那真的是要精心呵护，额外保护，深入了解。主变保护守护的就是变电站中这个最贵的设备，这也是将其称为"大护卫"的原因。

4.1.1　外表和内心

　　小电工与各位读者一样都是即注重外表又关注内心，对主变的了解也是先看看外表，再谈谈内心，外表如图4-1所示。

　　（1）外表。那个在变电站"嗡嗡嗡"叫的家伙，它的主要结构可以做如下划分。

　　这个庞然大物造价高昂，在变电站中的地位不可小觑，肉眼可见的大部分外部结构都是用来保护它的内核能够正常运转。比如油枕，用于储存变压器油，在变压器内循环，以供主变降温。比如风扇，检测到温度异常也会启动给主变降温。

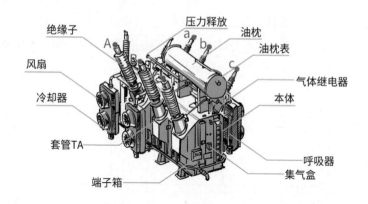

图 4-1　主变外部结构

图4-1中标记为红色的A、B、C和a、b、c叫做主变引出端（首端），本节后面的内容主要就是围绕引出端和主变的内部结构来进行的。

（2）内心。拔掉外套，可以看到主变（组式）的内部主要为铁心和线圈，这就是它的核心，即便没有外面那个厚厚的铁铠甲，人家也可以正常运行，只是风险太高，如图4-2所示。

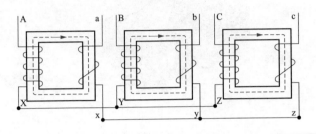

图4-2　主变内部结构

主变是基于电磁感应原理工作的，也就是说当给高压侧线圈通以交变的电流，铁心就会产生变化的磁通，低压侧线圈就会感应出电流。把图中4-2中（A，X）（B，Y）（C，Z）三相定义为其高压侧，（a，x）（b，y）（c，z）定义为其低压侧。以A相为例，变压器的原理可以简化如图4-3所示。

高压侧A，X这个线圈如果获得电压，低侧a，x这个线圈就会感应出相应的电压。电压的大小跟线圈的匝数成正比，理想情况下：

$$\frac{|\dot{U}_{AX}|}{|\dot{U}_{ax}|} = \frac{N_1}{N_2}$$

式中：$|\dot{U}_{AX}|$ 是高压侧线圈的电压幅值；$|\dot{U}_{ax}|$ 是低压侧线圈感应到的电压幅值；N_1是高压侧线圈匝数；N_2是低压侧线圈匝数。

电压电流的幅值大小是主变保护关注的一个焦点，毕竟主要的保护都是基于电流、电压来判断故障的；电压电流的方向是主变保护关注的另一个焦点，这样的方向是依靠感应电动势的方向来决定的。本书在2.3.1介绍电流互感器时，对于电流互感器一、二次绕组中的电流方向以及同名端都有提及。下面将结合主变换一种方式来加以理解。同时回答本书2.3.1节最后留下的问题。即同名端受什么影响呢？

把上面的单相铁心掰直，如图4-4所示。

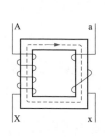

图 4-3　主变 A 相内部结构

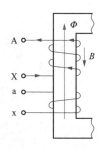

图 4-4　主变 A 相缠绕示意图

　　先假定一次侧感应电动势的正方向为从末端X指向始端A；二次侧感应电动势的正方向为从末端x指向始端a。如实际感应电动势与此假定正方向相同，我们称其为正，否则称其为负。

　　假设在某一瞬间铁心中突然出现一个磁通 Φ，其方向如图4-4所示向上，那么根据楞次定律，两个线圈中都会产生一个磁场B来阻碍（不是阻止或抵消）磁通 Φ 的变化，根据右手螺旋定则可以判断出线圈中的电流方向如图4-4中所示。

感应电动势的方向与电流的方向相同，即从X指向A，为正方向；同理，低压侧线圈中感应电动势的方向也从x指向a，为正方向，那么可以把感应电动势的正极性端，也就是A和a端标注一个黑点，这样的两端就叫做同名端，如图4-5所示。

那么问题来了，高压侧线圈、低压侧线圈的感应电动势方向会一直相同吗？改变什么因素会影响到它们的方向呢？学过高中物理的你们肯定都知道，线圈绕向是其中一个因素。让我们试试把低压侧线圈的绕向变一下，逆时针缠绕，如图4-6所示。

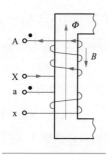

图4-5　同名端示意图

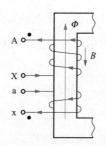

图4-6　改变绕组方向后的同名端示意图

依然结合楞次定律和右手螺旋定则判断，可以知道高压侧线圈感应电动势方向不变，由X指向A，为正方向，低压侧感应电动势由a指向x，为负方向，两者感应电动势相反。此时，A和x为正极性端，因此，把它们叫做同名端，旁边标注黑点，如图4-6所示。

高压侧线圈和低压侧线圈感应电动势方向的问题，为了简化表达，一般使用联结组别的方式来表示，对于单相变压器而言，高低压侧之间的感应电动势要么相同，要么相反，一般把高压侧线圈感应电动势看做钟表的时针，低压侧线圈的感应电动势看做钟表的分针，当两者方向相同时夹角为0，此时钟表指向12点（0点），可以标识为I,i0；当两者方向相反时，夹角为180º，此时钟表指向6点，可以标识为I,i6。

对于单相变压器而言，高、低压侧感应电动势的方向只有相同或者相反两种情况，因此，其表达相对简单。对于三相变压器而言，其高低压侧的感应电动势夹角由于接线方式的不同，情况就复杂得多，后面章节将详细说明。

以上对主变的结构和原理的简单解释是为讲解主变保护搭建个简单基础，不然直接讲保护大家理解不深刻，怕是读者要薅掉小电工的头发。

4.1.2 头疼和脑热

保护装置得先识别到系统或者元件的故障才能为其提供保护，本节就来聊聊主变都会面临哪些故障也就是主变自己头疼脑热的问题。一般而言，我们按照故障发生在主变的不同位置将其区分为内部故障和外部故障。

（1）内部故障。内部故障就是发生在主变内部的故障，也就是说主变得了内科疾病，常见的三种内部故障如下。

内部绕组相间短路，是内部故障中较为常见的一种。来看看变压器的"裸照"，如图4-7所示，A、B、C三相绕组自身以及之间通常有绝缘薄膜、漆布等绝缘材料，当变压器受热受潮时，薄弱环节绝缘下降就有可能引起击穿，从而造成相间短路。

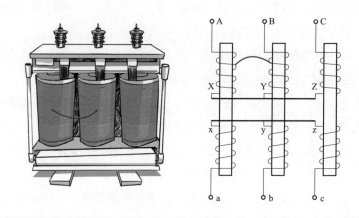

图 4-7   绕组相间短路

内部绕组匝间短路，是另一种常见的内部故障。变压器每相绕组都有外表绝缘的导线缠绕而成。当变压器使用年岁过久或者外部压力过大，都会让绝缘层破损，从而引起绕组匝间的短路，这是绕组短路中出现频率最高的一种，如图4-8所示。

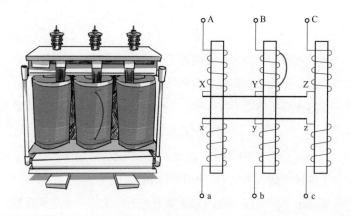

图 4-8   绕组匝间短路

　　内部绕组接地，也是在运维过程中较常发生的问题。此外，绕组受潮、绝缘下降、有异物入侵、破坏绕组绝缘、过电压导致绝缘击穿等问题，都有可能引起内部绕组接地故障。内部绕组接地如图4-9所示。

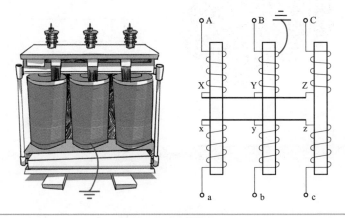

图 4-9　内部绕组接地

看来绕组绝缘降低是内部故障的主因。

　　内部故障一般发生在绕组间或者绕组内部，短路是这一故障类型的表现。

　　（2）外部故障。外部故障就是发生在主变外部的故障，一般较为明显，常见的几种外部故障如下。

　　外部套管相间短路或接地。当相间套管之间被导体相连或者套管跟大地之间被导体相连，就会出现外部套管相间短路或接地故障，如图4-10所示。

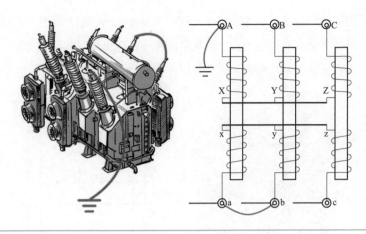

图4-10　外部套管相间或接地短路

　　套管引出线相间短路或接地。套管会引出电缆到母线或者线路侧，以完成整个系统的连接，这一段也会发生相间或者接地短路故障，故障情况与在套管本身发生的故障类似，要么是相间亲密接触，要么是跟大地亲密接触，如图4-11所示。

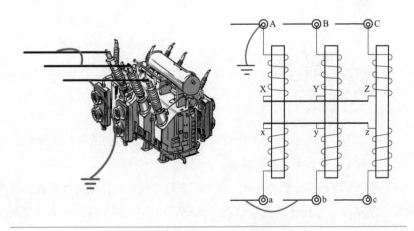

图4-11　套管引出线相间或接地短路

外部故障就发生在套管之间或者引出线之间，毕竟十指连心，跟内核有直接联系的就是这两个了。

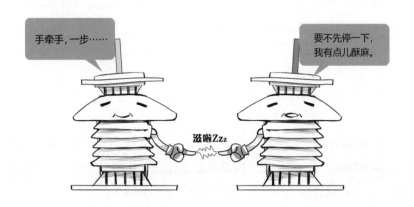

（3）其他故障。既不属于内部故障，又不属于外部故障，而是对于主变而言具有辅助作用的地方发生的故障，称之为其他故障，或者更确切地称为"别的故障"。

比如过负荷、油面温度高、漏油、瓦斯异常等都属于此类故障，一般把这种跟系统电压、电流量没有直接关联的叫做非电量故障，跟系统电压、电量相关的称为电量故障（这种叫法只是为了总结归纳方便，正式场合暂未出现"电量故障"的叫法）。

4.2 秒懂三相变压器的联结组别

大家都知道，在变电站里面只需要把电缆接到变压器的出线端，即A、B、C和a、b、c就行了。但是在上述的原理图中还出现了X、Y、Z和x、y、z，这些端子要怎么处理呢？X、Y、Z和x、y、z为内端子（末端），这些端子不需要引出，而是分别在变压器内部联结为△或者Y形的形状，这样在理论上，一次侧和二次侧就会有Y△、YY、△Y、△△四种方式组合。比如，把图4-2简化为图4-12，这就是一种YY方式的组合，也就是我们常说的联结组别。

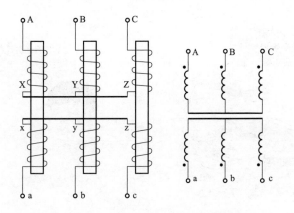

图4-12   三相变压器Y形联结及其简图

如果分别来看一次绕组和二次绕组，可能会更清晰一些。

4.2.1 星形（丫）联结

把高压侧或者低压侧单独拉出来看，一次绕组简化如图4-13所示。经过我们的一顿踩躏掰扯，它们就可以等效成图4-14。

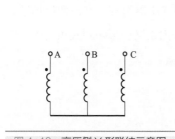

图 4-13 高压侧丫形联结示意图

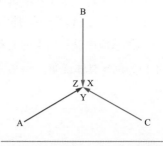

图 4-14 高压侧丫形联结等效图

这回看着像Y了吧，这也就是称其为丫形联结的原因，一次侧用Y表示，二次侧用y表示。

4.2.2 三角形（△）联结

除了把X、Y、Z直接连到一起之外，还可以让X、Y、Z分别跟A、

B、C联系到一起，比如把A跟Z、C跟Y、B跟X联结，最后还是只引出A、B、C端用于外部接线，具体如图4-15所示。

忽略导线，等效示意图如图4-16所示。

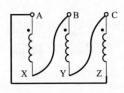

图 4-15　主变高压侧 D 形联结示意图

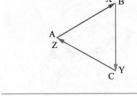

图 4-16　主变高压侧 D 形联结等效图

这就是三角形联结，用D（低压侧用d）表示。

4.2.3　三相变压器感应电动势角度表示

回顾一下，对于单相变压器，为表示其高低压侧的感应电动势的角度问题，引入了$I,i0$和$I,i6$，那么对于三相变压器而言，又该如何描述其高低压侧感应电动势角度的关系呢？哪些因素又会影响到其角度呢？以图4-17为例来具体说明。

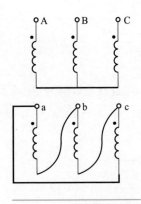

图 4-17　Yd 形联结示意图

可以很明显地看到高压侧是Y形，低压侧是d形，所以可以判定该组别为YdX，参考单相变压器的标识方式，这个数字X就由高侧的电势方向 $\dot{E}_{AB}$ 和低侧的电势方向 $\dot{E}_{ab}$ 之间的夹角所决定。

来，伸出你充满画画天赋的小手，咱们一边画一边说。

首先，画出高压侧的丫形联结，如图4-18所示。

然后以A为起点画出ax，那么ax指向哪里呢？仔细看图中同名端标注在了A和a上，也就是说感应电动势AX和ax方向相同，如图4-19所示。

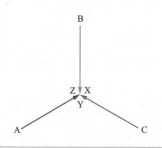

图 4-18　高压侧 丫 形联结示意图

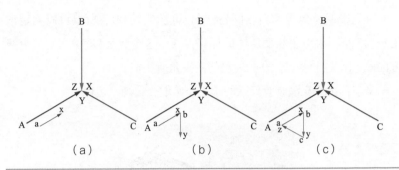

图 4-19   低压侧 d 形联结组别示意图

再画出by，同理，by和BY的方向相同。但是，它的起点在哪里呢？看图4-19，可以知道低压侧的b跟x是通过导线连接在一起的，忽略导线，把b跟x看做同一个点，所以by的起点在x。同理，画出cz。

最后，画出 $\dot{E}_{AB}$ 和 $\dot{E}_{ab}$。

可以看出，它们之间夹角是30°，此时我们引入时钟表示法，只看 $\dot{E}_{AB}$ 和 $\dot{E}_{ab}$ 这两根线。如果把 $\dot{E}_{AB}$ 转动指向12点钟方向，$\dot{E}_{ab}$ 就指向了1点钟方向。此时，此组别命名为Yd1（1点钟）。

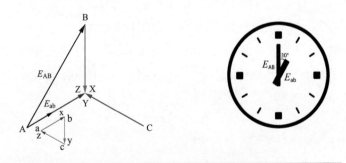

图 4-20   高低压侧感应电动势方向示意图

理论和实践双重证明，不论何种组别 $\dot{E}_{AB}$ 和 $\dot{E}_{ab}$ 的夹角永远为30°的整数倍，所以当 $\dot{E}_{AB}$ 固定指向12点钟，$\dot{E}_{ab}$ 一定指向某个整点时刻，这个时间点就是我们说的YdX中的数字X。

变压器的联结组别很多，如果随意组合，那么"王炸组合"怕是也搞得出来。因此，为了制造及并联运行时方便，国家标准规定了有限的几个组别作为行业标准，应用时从里面选择即可，这就减少了差异性，增加了规范性。

另外需要记住一点，感应电动势的方向跟电流的方向一致，也就是说以上不同联结组别中夹角的概念，完全适用于电流，这一点在后续讲解三相主变差动时会用到。

4.3 漫画主变差动保护

主变保护按照故障类型（电量故障或者非电量故障），可以分为电量保护和非电量保护两大类，所谓电量保护就是根据电流、电压、频率、阻抗等产生的变化来完成相应的保护动作逻辑；所谓非电量保护，就是根据温度、压力等非电气量来完成相应的保护动作逻辑。

电量保护　　　　　　　　非电量保护

根据响应故障的快慢程度，或者主变对其依赖程度，又可以把保护分为主保护和后备保护，以最快的速度有选择地切除故障的保护叫做主保护；在主保护失效时扩大范围切除故障的保护叫做后备保护。

继电保护中的线路保护或者主变保护都有相应的主保护和后备保护，本节所讲的差动保护就是电量保护中的主保护。

4.3.1 单相变压器实现差动的条件

母线差动保护原理是基于基尔霍夫电流定律实现的，即同一时刻，流入闭合曲面的电流=流出闭合曲面的电流，如果不相等，那一定是哪里漏电了。

母线差动简单来讲就是："入出不平衡，保护跳得猛。"主变保护的差动跟母线保护的差动略有不同。

主变保护的差动基于主变的功率平衡，如图4-21所示。

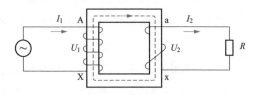

图 4-21　主变高低压侧简化图

图4-21中的主变在理想情况下，高压侧功率等于低压侧功率，即 $U_1I_1=U_2I_2$，基于这一大前提，就可以推导出高低压侧电流之间的关系，从而完成差流的计算。

那是因为高低压侧之间的电流因为线圈的存在，总会成一定的比例关系，它们之间是不会平衡的。比如高压侧线圈匝数：低压侧线圈匝数是2∶1，那高低压侧电流比将会是1∶2，此时高压侧电流5A，低压侧将会是10A，如果再像计算母线差流一样，只对它们做简单的相加，那么永远都会有差流存在。

但是能量是守恒的，高低压侧的功率在理想情况下是时刻平衡的。这就是为什么说主变差动是基于功率平衡，而不是电流平衡的原因。

对于功率的平衡，依然要用电流的方式表示出来，转化为电流的平衡，这就需要一定的条件，这个条件就是本节要探寻的重点。

保护装置使用的是二次电流，实际应用中，保护装置想使用电流，那必须在图4-21的原理图中装上电流互感器，即TA，装设完电流互感器的原理图如图4-22所示。

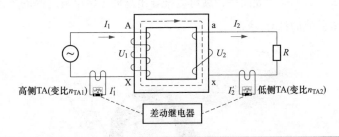

图 4-22　安装 TA 的主变高低压侧简化图

$\dot{I}_1'$、$\dot{I}_2'$分别为TA采集到的二次电流，如果利用功率平衡的原理，使得主变正常运行的情况下，能满足$\dot{I}_1' + \dot{I}_2' = \dot{I}_d = 0$；主变不正常的情况下，能满足$\dot{I}_1' + \dot{I}_2' = \dot{I}_d \neq 0$，那么就可以转化为用电流量来判断主变是否处于故障状态，满足以上要求的限制条件就是实现差动的关键，下面就一步步来推导出这一条件。

（1）高低压侧一次电流的关系。高低压侧一次电流之间满足如下关系：把$\dot{U}_1 \dot{I}_1 = \dot{U}_2 \dot{I}_2$简单变换一下，就有$\dot{U}_1 \dot{I}_1 / \dot{U}_2 = \dot{I}_2$，定睛一看，式中$\dot{U}_1 / \dot{U}_2$不就是$n_T$（高低压侧线圈匝数比）吗？则可以进一步推导出$n_T \dot{I}_1 = \dot{I}_2$，即：$n_T \dot{I}_1 + \dot{I}_2 = 0$。

公式中所讲为向量和，需要考虑方向上的问题，$\dot{I}_1'$、$\dot{I}_2'$方向相反，这个等式自然就成立了。

（2）二次电流和一次电流的关系。如果把二次电流用一次电流来表示有会怎么样呢？

由于 $|\dot{I}_1|/|\dot{I}_1'|=n_{TA1}$，可知 $|\dot{I}_1'|=|\dot{I}_1|/n_{TA1}$；同理，$|\dot{I}_2'|=|\dot{I}_2|/n_{TA2}$。其中，$n_{TA1}$是高压侧TA的变比，$n_{TA2}$是低压侧TA的变比。

> **课外小知识**　注意不要搞混主变一二次绕组匝数比和主变高压侧TA变比、低压侧TA变比之间的关系，记住：它们没啥关系。

（3）二次差流用一次电流的表达式。二次差流I_d可以表示为

$$\dot{I}_d = \dot{I}_1' + \dot{I}_2'$$

进一步进行替换，就可以用一次电流表示为

$$\dot{I}_d = \frac{\dot{I}_2}{n_{TA2}} + \frac{\dot{I}_1}{n_{TA1}} \tag{4-1}$$

知道了二次差流的表达式，下一步的重点就是要推导出在什么条件下，正常运行时二次差流才是0。

给式（4-1）加个0，"0"这么表达

$$0 = \frac{n_T \dot{I}_1}{n_{TA2}} - \frac{n_T \dot{I}_1}{n_{TA2}}$$

这个屁，不是，这个0加得很有意义，加之后式（4-1）可以变为

$$\dot{I}_d = \frac{n_T \dot{I}_1}{n_{TA2}} + \frac{\dot{I}_2}{n_{TA2}} + \frac{\dot{I}_1}{n_{TA1}} - \frac{n_T \dot{I}_1}{n_{TA2}} \qquad （4-2）$$

敲黑板，提取公因数合并同类项，得

$$\dot{I}_d = \frac{n_T \dot{I}_1 + \dot{I}_2}{n_{TA2}} + \left(1 - \frac{n_{TA1} n_T}{n_{TA2}}\right) \frac{\dot{I}_1}{n_{TA1}} \qquad （4-3）$$

在式（4-3）中如果 $n_{TA1}/n_{TA2} = 1/n_T$，就会有

$$\frac{n_{TA1} n_T}{n_{TA2}} = 1$$

那么式（4-3）中的 $1 - \dfrac{n_{TA1} n_T}{n_{TA2}}$ 就会变成"1-1=0"，然后式（4-3）就会变成

$$\dot{I}_d = \frac{n_T \dot{I}_1 + \dot{I}_2}{n_{TA2}}$$

正常运行情况下，必然会有 $n_T \dot{I}_1 + \dot{I}_2 = 0$，这样 $\dot{I}_d$ 也就等于0了。

（4）限制条件。前面一直在讲满足条件，这个条件就是：$\frac{n_{TA1}}{n_{TA2}} = \frac{1}{n_T}$，变个形，则有

低压侧TA变比 ⟶ $\frac{n_{TA2}}{n_{TA1}} = n_T$ ⟵ 高低压侧线圈匝数比

这即是所说的条件，也就是低压侧TA变比和高压侧TA变比的比值正好等于高低压侧线圈的匝数比，就能使得主变在正常运行时，算得的二次差流为0。

对于传统单相主变差动而言，以上公式就是高低侧TA变比的选择依据。

本节只是在讲理想情况下的单相两绕组变压器，如果是三相呢？

4.3.2 三相变压器实现差动的方式

三相变压器跟单相变压器最大的不同是什么？

没错，三相变压器"人多势众"。正因为有了3个，所以就有了相与相之间联结关系的存在，即联结组别的存在。又因为有联结组别的存在，使高低压侧电流之间的角度问题变得复杂了。

在计算单相变压器差流的时候，高低压侧电流之间的角度只能是0°或者180°，选择合适的TA变比平衡其幅值，然后高低压侧电流向量相加或者相减，就可以使主变正常运行时差流为0。

但是三相变压器由于不同类型的联结组别的存在，高低压侧电流之间的角度就不会局限在0°或者180°了，而是以30°为倍数多种多样地存在着，比如30°、60°、90°。如果依然按照单相变压器的思路来增加限制条件，使三相主变在正常运行时差流保持为0，就会变得稍微复杂一些。

本节就来讨论一下为什么会变得复杂，以及这种复杂的情况下，类似单相变压器计算差流时的限制条件又是什么。

（1）Yy接线时高低压侧一次电流角度问题。假设某一时刻通过铁心的磁通向下增加，则高低压侧绕组必然会感应出一个相反的磁通以阻碍其变化，那么根据之前所讲，绕组中的感应电动势方向，或者电流方向将如图4-23所示。

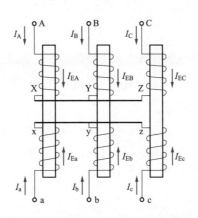

图 4-23 三相变压器 Yy 接线示意图

在这种接线方式下，$\dot{I}_A = \dot{I}_{EA}$，$\dot{I}_a = \dot{I}_{Ea}$，而且其角度相同，其他相别也一样。其实可以把Yy接线方式下的三相变压器等同于三个单相变压器的叠加，差流的计算过程以及限制条件见本书4.3.1，选择合适的TA变比（使TA变比满足$n_{TA1}/n_{TA2}=1/n_T$），然后单独计算出各相差流。但是对于一般变电站而言，主变基本都不会使用Yy的接线方式。

记住图4-23，其他的接线方式不过就是在此基础上做了一些改动，但是绕组中感应电流的大小和方向不会随接线方式的改变而变化，变化的是绕组外接线端的电流。

（2）Yd11接线时高低压侧一次电流角度问题。以图4-23为基础，改变联结组别为Yd11，如图4-24所示。

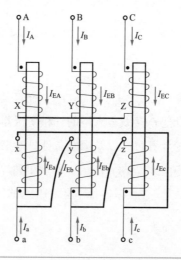

图 4-24   三相变压器 Yd11 接线示意图

此时 $\dot{I}_A = \dot{I}_{EA}$，幅值和方向均相同，而且 $\dot{I}_{Ea}$ 方向与两者也相同。

$\dot{i}_a$ 经过三角形（d）联结之后劈叉了，其大小和方向将由 $\dot{I}_{Ea}$ 和 $\dot{I}_{Eb}$ 向量和决定，即 $\dot{i}_a = \dot{I}_{Ea} - \dot{I}_{Eb}$。如此看来，$\dot{I}_A$ 的方向和 $\dot{I}_{EA}$、$\dot{I}_{Ea}$ 方向相同，$\dot{i}_a$ 的方向却取决于 $\dot{I}_{Ea}$ 和 $\dot{I}_{Eb}$ 的向量和，由此很明显得出 $\dot{I}_A$ 和 $\dot{i}_a$ 方向已然不同，想解决差流平衡的问题，就得先把两者之间的方向关系搞清楚。

正常情况下，三相电流之间的夹角为120°，向量图如图4-25所示。

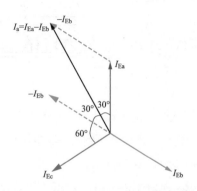

图 4-25　I_A 和 I_a 夹角示意图

然后把 $\dot{I}_{Eb}$ 取反得出 $-\dot{I}_{Eb}$，再将其向上平移至 $\dot{I}_{Ea}$ 的末端，那么连接 $\dot{I}_{Ea}$ 首端和 $-\dot{I}_{Eb}$ 末端的连线就是 $\dot{I}_{Ea}$ 和 $-\dot{I}_{Eb}$ 的向量和，即 $\dot{i}_a$。

那么画图可以知道 $\dot{i}_a$ 的方向超前 $\dot{I}_{Ea}$ 的方向30°，也就是超前 $\dot{I}_{EA}$ 的方向30°，如果不考虑角度，而直接通过 $\dot{i}_d = \dot{I}_A + \dot{i}_a$ 来求解差流，那差流可就"大到天上"去了。

其实，以上求解角度的过程，通过本书4.2.3节丫△联结组别很容易推导出来，Yd11接线表示低压侧的感应电动势超前高压侧感应电动势30°，感应电动势方向就是电流方向，所以很明显低压侧电流方向也就超前高压侧电流30°。

既然知道了角度的问题，现在就要想办法通过某些方式让保护装置采集到的高低压侧的角度相同，保护采集的都是二次电流，很容易就能想到，可以从TA"这个家伙"身上着手。

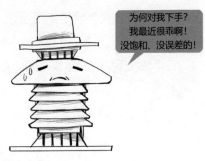

（3）通过TA的接线方式规避角度问题。TA与主变的原理一模一样，有一次侧也有二次侧，通过改变TA的联结组别就可以调整一次侧与二次侧电流之间的角度。既然高压侧的一次电流滞后于低压侧的一次电流30°，那就把高压侧的TA接为Yd11方式，使得其感应出来的二次电流角度超前于高压侧一次电流角度30°；把低压侧的TA接为Yy方式，使其感应出来的二次电流与低压侧的一次电流相同，这样就可以让高低压侧的二次电流角度相同了。

图4-26中，i'_A和i'_a分别表示高低压侧经TA转化后的二次电流。

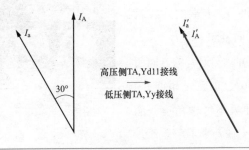

图 4-26　高低压侧二次电流角度相同的实现方式

下面通过实践验证一下以上理论的可行性。按照以上推导，将主变高压侧的三个TA结成Yd11接线，低压侧按照Yy进行接线，如图4-27所示。

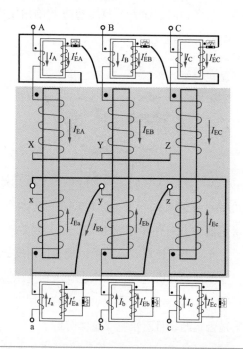

图 4-27 带 TA 详细接线的 Yd11 接线示意图

此处重点分析A相、a相感应出的二次电流$\dot{I}'_A$和$\dot{I}'_a$，其他相分析方法相同。TA二次侧电流表的安装位置如图4-27所示，其功能用于测量二次电流的方向和幅值。

高压侧A相TA一次侧流过的电流为$\dot{I}_A$，A相TA二次侧流过的电流是多少呢？也就是说电流表的示数该是多少呢？

$\dot{I}'_A = \dot{I}'_{EA} - \dot{I}'_{EB}$，参考图4-25中$\dot{I}_a$和$\dot{I}_{Ea}$之间夹角的推导过程，可以得出$\dot{I}'_A$角度超前于$\dot{I}'_{EA}$角度30°，而$\dot{I}'_{EA}$、$\dot{I}'_{EB}$、$\dot{I}_A$角度相同，因此，可以得知$\dot{I}'_A$角度超前于$\dot{I}_A$角度30°。

低压侧a相TA一次侧流过的电流为$\dot{I}_a$，a相TA二次侧流过的电流是多少呢？由于低压侧a相TA一二次侧的联结方式为Yy，因此其二次侧电流$\dot{I}_a' = \dot{I}_{Ea}'$，且二者角度相同，而$\dot{I}_a$的角度超前$\dot{I}_A$的角度30°，所以可以得知$\dot{I}_a'$的角度也超前$\dot{I}_A$的角度30。

结合以上推导过程就可以知道，经过TA的"爆改"接线，虽然主变高低压侧一次电流的方向存在30°角度差，但是经TA变化后的二次电流角度却一致了，此时再来计算差流就可以规避掉角度的问题了。

结合对单相变压器的分析过程，如果也让三相变压器高低压侧选择合适的TA变比使得$n_{TA2}/n_{TA1}=n_T$，是否就可以直接使用$\dot{I}_d = \dot{I}_A' + \dot{I}_a'$来计算差流了呢？答案是否定的，且听小电工继续分解。

（4）因高压侧Yd接线引起的幅值问题。讲到这里其实可以总结一下，要想实现三相主变的差动保护功能，首先要选择合适的TA变比，使得高低压侧二次电流幅值平衡；再选择合适的TA接线方式，使得高低压侧二次电流角度相同。

根据式子 $\dot{I}'_A = \dot{I}'_{EA} - \dot{I}'_{EB}$，可以推导出 $|\dot{I}'_A| = \sqrt{3}|\dot{I}'_{EA}| = \sqrt{3}|\dot{I}'_{EB}|$，由此可见，按照Yd11的方式完成高压侧TA的接线确实实现了角度平衡，但同时二次电流的幅值却被扩大了。

因此为了规避这一问题，我们在选择高压侧TA时也需要将其变比按照扩大 $\sqrt{3}$ 倍来考虑，这样即可抵消接线方式对幅值的影响，举例说明如表4-1所示。

表4-1　高压侧TA变比扩大 $\sqrt{3}$ 倍规避幅值影响

一次值	TA变比	接线方式	计算过程	二次值
2000	2000 : 5	Yy	$\dfrac{2000}{2000/5}$	5
2000	2000 : 5	Yd11	$\dfrac{2000}{2000/5}\sqrt{3}$	$5\sqrt{3}$
2000	$2000\sqrt{3}$: 5	Yd11	$\dfrac{2000}{2000\sqrt{3}/5}\sqrt{3}$	5

假设TA变比为2000∶5，当不对TA接线方式做特殊处理，即采用Yy接线方式，一次值为2000A时，二次采样值为5A；当采用特殊接线方式，比如Yd11接线方式，一次值为2000A时，二次采样值却变为了 $5\sqrt{3}$ A。人为地把幅值扩大了 $\sqrt{3}$ 倍。此时如果把CT变比调整为 $2000\sqrt{3}$ ∶5，当一次值为2000A时，二次值又重新变为5A。

（5）限制条件。对于采用Yd11接线的三相变压器（两卷）而言，要想实现在正常运行情况下TA二次侧的电流平衡，有两个限制条件：

1）高压侧TA采用Yd11接线，低压侧TA采用Yy接线；

2）两侧TA的变比应满足 $\dfrac{n_{TA2}}{n_{TA1}\sqrt{3}} = n_T$。

满足条件后，就可以用 $\dot{I}_d = \dot{I}'_A + \dot{I}'_a$ 来表示主变高低压侧的二次差流，当主变正常运行时差流为0；当主变出现故障时差流出现，主变保护即可据此来实现保护功能。

保护装置就真躺平一切等现成的?

那是以前嘛!现在就不一样了。

（6）微机保护通过内部计算规避角度和幅值问题。以前的电磁式继电保护受限于计算能力的影响，只能通过外部TA接线以及改变变比的方式来解决角度和幅值问题。现在微机保护就把TA解放了。

老子一出马，TA变呆瓜!

依然拿Yd11联结的主变为例，高低压侧TA都采用Yy的接线方式，也就是说TA不处理角度问题，主变保护根据Yd11这一限制，会自动的完成角度和幅值的调整。

角度的调整

如图4-28所示，微机差动保护自动让接入保护装置的高压侧二次电流 $\dot{I}_A' = (\dot{I}_A - \dot{I}_B)/\sqrt{3}$，其中，$\dot{I}_A'$ 为经装置计算处理之后的高压侧A相二次电流，$\dot{I}_A$、$\dot{I}_B$ 为TA实际采集未做任何处理并接入到装置中的高压侧A相电流和B相电流。

这一简单的公式就完全替换掉了以上调整TA接线的做法，同时，把由于向量和作用而扩大的 $\sqrt{3}$ 倍的关系也一并处理掉了，下面在讨论幅值处理时，可以直接把限制条件 $\dfrac{n_{TA2}}{n_{TA1}\sqrt{3}} = n_T$ 写为 $\dfrac{n_{TA2}}{n_{TA1}} = n_T$。

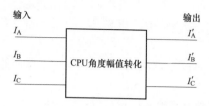

图 4-28　微机保护内部处理角度和幅值问题示意

幅值的调整

由于微机保护不会对TA的变比做限制，即高低压侧TA可以选择任意合适的变比，那么限制条件 $\dfrac{n_{TA2}}{n_{TA1}} = n_T$ 将不再满足，即 $\dfrac{n_{TA2}}{n_{TA1}} \neq n_T$。如果微机保护内部不做任何处理必然会有 $\dfrac{|\dot{I}_2|/|\dot{I}_2'|}{|\dot{I}_1|/|\dot{I}_1'|} \neq \dfrac{|\dot{U}_1|}{|\dot{U}_2|}$，进一步推导出 $\dfrac{|\dot{I}_1'|}{|\dot{I}_2'|} \neq \dfrac{|\dot{U}_1|}{|\dot{U}_2|} \times \dfrac{|\dot{I}_1|}{|\dot{I}_2|}$，到这里小伙伴应该很眼熟了，主变正常运行时功率平衡，即 $U_1 I_1 = U_2 I_2$，这个公式又可以进一步推导为 $\dfrac{|\dot{I}_1'|}{|\dot{I}_2'|} \neq 1$，即 $|\dot{I}_1'| \neq |\dot{I}_2'|$。那么问题就出现了，主变正常运行时，不能保证高低压侧的二次电流幅值一致，差动功能就无从实现了。

> $\dot{I}_1$、$\dot{I}_2$ 分别为主变高、低压侧额定电流。
>
> n_{TA1}、n_{TA2} 分别为主变高、低压侧的TA变比。
>
> $\dot{U}_1$、$\dot{U}_2$ 分别为主变高低压侧额定电压。
>
> $\dot{I}_1'$、$\dot{I}_2'$ 分别为主变高、低压侧经TA变化后的二次电流。

你继续讲，我先在这卡会儿BUG。

一般厂家在处理此问题时，都会增加一个平衡系数，即让低压侧的二次电流发乘以一个系数再参与差流计算，以保障主变正常运行时高低压侧二次电流幅值的一致。

那么这个系数怎么来的呢？既然 $\dfrac{n_{TA2}}{n_{TA1}} \neq n_T$，那么乘以一个 x 必然会让 $x \times \dfrac{n_{TA2}}{n_{TA1}} = n_T$，从而必然会有 $x \times \dfrac{|\dot{I}_1'|}{|\dot{I}_2'|} = \dfrac{|\dot{U}_1|}{|\dot{U}_2|} \times \dfrac{|\dot{I}_1|}{|\dot{I}_2|}$，从而得出 $|\dot{I}_2'| \times \dfrac{1}{x} = |\dot{I}_1'|$，

此 $\dfrac{1}{x}$ 即为通常所说的平衡系数，也可以称之为低压侧（对于三卷变而言还有中压侧）二次电流向高压侧二次电流的折算系数。那么 $\dfrac{1}{x}$ 是多少呢？

很显然 $\dfrac{1}{x} = \dfrac{n_{TA2}}{n_{TA1}} / n_T = \dfrac{n_{TA2}}{n_{TA1}} \times \dfrac{|\dot{U}_2|}{|\dot{U}_1|}$。高压侧平衡系数为1，其他侧平衡系数可以按此公式进行折算。

举例说明

假设某台联结组别为Yd11的主变高低压侧电压分别为220kV、110kV，高压侧TA变比1000：5，低压侧TA变比4000：5。

如果此时高压侧A相TA一次电流为1000A∠0°，根据功率平衡和星角变化，低压侧A相TA一次电流为2000A∠-30°。同理到低压侧B相TA一次电流分别为1000A∠120°和2000A∠90°，那么二次电流的具体信息如表4-2所示。

表4-2　二次电流具体信息列表

项目	TA二次原始电流（A相）	TA二次原始电流（B相）	微机保护角度处理	平衡系数幅值处理 $U_2/U_1 \times n_{TA2}/n_{TA1}$
高压侧	$5\angle 0°$	$5\angle 120°$	$I_A' = I_A - I_B = 5\angle -30°$	$I_A' = 1 \times 5\angle -30°$
低压侧	$2.5\angle -30°$	$2.5\angle 90°$	$2.5\angle -30°$（低侧不处理）	$I_a' = 2 \times 2.5\angle -30°$
差动电流 A-a	$2.5\angle 30.17°$	$2.5\angle 150.17°$	$2.5\angle -30°$	$I_A' - I_a' = 0$

注　为方便起见以上求取差流过程，按照二次值做减法的方式处理。

完成了角度和幅值的调整之后，微机保护自然就可以用经过调整后的二次电流 i_A' 和 i_B' 来很方便地计算出两侧的差流。

再结合差动电流和制动电流的概念，就可以进一步理解主变的比率差动的概念啦。

课外小知识

主变差动保护是主变保护的主保护，本章的所有内容也都是围绕主变差动展开的。其实除了差动保护外，主变保护中还集成有过流保护、过负荷保护以及阻抗保护等后备保护，在主保护无法发挥作用时，后备保护就要挺身而出了，后备保护才是无怨无悔的备胎。

由于主变实在太重要了，除了主保护、后备保护外，主变还配置有非电量保护，它主要通过监视主变的油温、绕温、瓦斯浓度等非电气量完成保护，比如当主变的油面温度过高时，表明主变本身的温度过高，很有可能引起燃烧或者爆炸，这个时候主变自身会发出油面温度高的信号给非电量保护，非电量保护收到此信号后将根据具体的整定情况选择告警还是跳闸。

4.4 手把手教你做实验——主变差动保护

既然已经讲清楚微机主变保护的具体逻辑原理了，接下来就试试如何完成主变差动的实验。同时，重点观察装置内部的差流、平衡系数是否与推导一致。实验过程中我们只考虑A相差动动作的情况（此实验以长园深瑞PRS-778主变保护为例，各厂家装置实验方法略有区别，具体实验中请以实际为准）。

本次实验假设过程中的主变是容量为40WM的两卷变压器，接线方式为Yd11接线，且其高压侧TA变比为1000∶5，低压侧TA变比为600∶1，高压侧电压121kV，低压侧电压38.5kV。

4.4.1 理思路

实验之前需要理清思路。既然要完成差动实验，那么就要了解主变差动的动作区，以PRS-778型号主变为例，其动作区如图4-29所示。

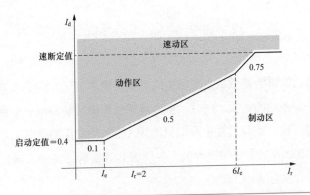

图 4-29　主变差动保护的动作区

怎么主变动作区现在这么一波三折吗?

这么设置是为了在制动电流幅值不同时,主变保护可以有不同的灵敏度。比如在制动电流小于I_e时,斜率为0,表示在此电流范围内,保护装置表现得更灵敏,动作区更大,而制动区更小;相反在电流大于$6I_e$时,斜率很大,为0.75,保护装置表现得更稳定,动作区更小、而制动区更大。

那么,这个动作区该如何用$\dot{I}_d$和$\dot{I}_r$表示出来呢,下面分段来讲解:

当$0 < |\dot{I}_r| < |\dot{I}_e|$时

$|\dot{I}_d| >$启动定值;

当$|\dot{I}_e| < |\dot{I}_r| < 6|\dot{I}_e|$时

$|\dot{I}_d| > 0.5(|\dot{I}_r| - |\dot{I}_e|) +$启动定值;

当$6|\dot{I}_e| < |\dot{I}_r|$时

$|\dot{I}_d| > 0.75(|\dot{I}_r| - 6|\dot{I}_e|) + 0.5(6|\dot{I}_e| - |\dot{I}_e|) +$启动定值

课外小知识

在厂家的说明书中,对以上动作区的概念以及相关公式都会有所介绍,做实验的过程中需要参考各厂家的说明书等材料来完成实验,因为各厂家的保护逻辑略有区别。

本实验中I_e表示主变保护内部的高压侧二次额定电流,此额定电流不同于TA的二次额定电流,前者是经过公式折算的计算值,与主变容量有关;后者是TA实际转化而来的数值,固定为1A或5A。I_e计算方法为$I_e = \dfrac{S_n}{\sqrt{3}U_{In}K_{TA}}$,其中,$S_n$表示主变压器铭牌最大额定容量,$U_{In}$为主变压器高压侧一次额定电压,$K_{TA}$为主变高压侧TA变比。按此方式计算,此实验中$I_e = \dfrac{40}{\sqrt{3} \times 121 \times 200} = 0.95(A)$。

　　根据主变差动保护原理的推导过程，只需要把其中的公式略微变形，就能知道a相差流可以表达为

$$\dot{I}_{da} = \dot{I}'_{HA} + K\dot{I}_{La} = (\dot{I}_{HA} - \dot{I}_{HB}) / \sqrt{3} + K\dot{I}_{La}$$

　　式中：用$\dot{I}_{HA}$、$\dot{I}_{HB}$表示高压侧的A、B相电流（未经变化的原始电流）；$\dot{I}'_{HA}$表示经微机保护内部转化后的高压侧A相电流；$\dot{I}_{La}$表示低压侧的a相电流；K为平衡系数。

　　实验过程中如无特殊说明，所讲的电流都是经过TA变化后的高低压侧的二次电流。

母差原理中的制动电流为：$|\dot{I}_r| = |\dot{I}_1| + |\dot{I}_2| + \cdots + |\dot{I}_n|$，对于主变保护而言制动电流的选择一般取各侧电流绝对值之和的平均值。选择不同的制动电流计算方式，其制动效果不一样，平均电流制动应用较多。所以a相制动电流可以表达为

$$|\dot{I}_{ra}| = \frac{|\dot{I}'_{HA}| + K \times |\dot{I}_{La}|}{2}$$

实验过程中如果选择 $|\dot{I}_{ra}| = 2I_e$，启动定值设置为$0.4I_e$（此处$I_e = 0.95A$）。

那么，当 $|\dot{I}_{da}| \geqslant 1.05 \times [0.5(|I_r| - |I_e|)] + $ 启动定值时，保护应正确动作。此公式中的1.05是指测试边界点，一般而言，当差流大于或等于1.05倍定值时，保护应可靠动作；当差流小于或等于0.95倍定值时，保护应可靠不动作；当差流在0.95倍定值和1.05倍定值中间时，保护可动可不动，此称为模糊区。

即 当 $|\dot{I}_{da}| > 1.05 \times 0.86 = 0.90A$ 时，保护应正确动作；当 $|\dot{I}_{da}| \leqslant 0.95 \times 0.86 = 0.82A$ 时保护不应动作；当$0.82A < |\dot{I}_{da}| < 0.90A$ 时，保护落在模糊区，动作不动作都没有错，如图4-30所示。

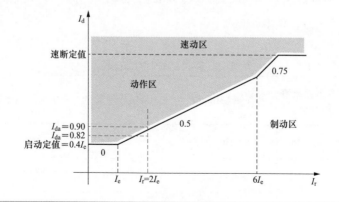

图4-30 实验过程中动作点的选择

实验过程中只需要取三个点
即可验证，$|\dot{I}_{da}| = 0$，在该点主
变各侧差流为0；$|\dot{I}_{da}| = 0.82A$，
该点刚好落于制动区边界，保护
可靠不动作；$|\dot{I}_{da}| = 0.90\,A$该点
落于动作区边界，保护可靠动作。

那该如何加量才能
出现这3个差流呢?

根据差流和制动电流的计算公式，很容易计算出要加的电流量。但
是，首先要计算出平衡系数K值，根据上节推导，K值为2，那么公式可
以写为

$$|\dot{I}_{da}| = |\dot{I}'_{HA} - K|\dot{I}_{La}|| = |(\dot{I}_{HA} - \dot{I}_{HB})/\sqrt{3}| - 0.95|\dot{I}_{La}||$$

$$|\dot{I}_{ra}| = \frac{|\dot{I}'_{HA}| + K|\dot{I}_{La}|}{2} = \frac{|(\dot{I}_{HA} - \dot{I}_{HB})/\sqrt{3}| + 0.95|\dot{I}_{La}|}{2}$$

实验过程中让$|\dot{I}_{ra}|$始终固定为$2I_e$，即1.9A；$|I_{HB}|$为0，即不加B相
电流。根据$|\dot{I}_{da}|$的不同取值（0A，0.82A，0.9A），分别计算出$|\dot{I}_{HA}|$、
$|\dot{I}_{La}|$、$|\dot{I}_{Lc}|$，具体数据列于表4-3。

表4-3　实验过程中的数据量

需要出现的差流和制动电流	高压侧A相加量	低压侧A相加量	低压侧C相加量
$I_{ra}=1.9$，$I_{da}=0.00$	$I_{HA}=3.30\angle 0°$	$I_{La}=2.00\angle 180°$	$I_{Lc}=2.00\angle 0°$
$I_{ra}=1.9$，$I_{da}=0.82$	$I_{HA}=4.00\angle 0°$	$I_{La}=1.57\angle 180°$	$I_{Lc}=2.43\angle 0°$
$I_{ra}=1.9$，$I_{da}=0.90$	$I_{HA}=4.07\angle 0°$	$I_{La}=1.53\angle 180°$	$I_{Lc}=2.47\angle 0°$

　　当然,如果变化各电流的角度,可以有更多数值满足以上要求,此实验仅以此为例来观察实验现象。

　　接下来只需要完成实验仪的接线,并且输入以上数值即可做实验。

4.4.2　做准备

　　准备工作从定值和工具两个方面来着手做准备。

　　(1)定值。主变差动实验相关的定值有数值型定值、控制字、软硬连接片。先整定数值型定值。

　　其中,变压器参数中的变压器容量、高压侧额定线电压、低压侧额定线电压按照系统实际情况整定,本实验中分别整定为40MVA、121kV、38.5kV。TA参数中各项参数按照实际TA变比整定。差动保护定值中,速断电流定值整定为5倍I_e,如图4-29所示,速断定值控制速断区的大小;启动电流定值整定为0.4I_e,与图4-29相对应。

　　软连接片、控制字、硬连接片三者构成与逻辑,共同控制保护逻辑的实现,跟差动相关的连接片需要全部投入。

（2）工具资料。主变差动实验，只需要完成高低压侧电流、电压的输出，需要的工具如图4-31所示。

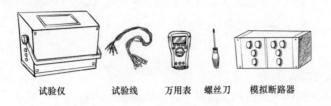

试验仪　　　试验线　　　万用表　　螺丝刀　　模拟断路器

图 4-31　主变差动实验工具

其他工具资料包括按照常规实验的方式准备。

4.4.3　搞实操

（1）接线。按照前面梳理的思路，需要同时加高压侧A相电流、低压侧a、c相电流，接线方式图4-32所示。

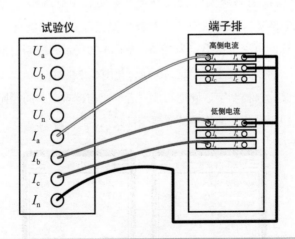

图 4-32　实验仪与保护装置端子排接线

　　实验仪的I_a给主变保护的高压侧I_A加电流，实验仪的I_b给主变保护的低压侧I_a加电流，试验仪的I_c给主变保护的低压侧I_c加电流。

　　（2）加量。首先观察I_r=9A，I_d=0时保护的动作情况，此时按照图4-33的数据完成实验仪的设置。

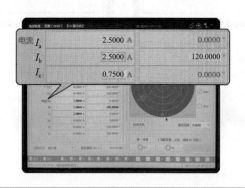

图 4-33　实验仪设置

　　（3）开始。点击开始按钮，观察保护装置动作情况，以及采样情况，就PRS-778而言，按此方式加量，保护装置各侧差流平衡，均为0。

　　对于可靠动作和可靠不动作的验证，本书不再一一列举，小伙伴们自己动手完成吧。

4.4.4　记数据

　　在加量的过程中，注意观察保护装置中的数据，保护装置的采样数据如图4-34所示。

图 4-34   保护装置采样数据

对于三相交流量而言，实验仪加多少量，装置就显示多少数值，换句话说，装置显示的是未经处理的数据；对于差流而言，装置显示的是经计算后的数据。

那显示问号是啥意思？装置累死机了？

打问号是想让小伙伴们猜猜，其他相会不会出现差流呢，如果出现了差流具体是什么结果呢？

扫码观看主变压器差动保护斜率验证实验过程

第 **5** 章

继电保护中的
"热心肠"——线路保护

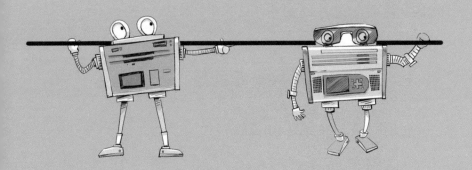

通过对母线差动逻辑原理和主变差动原理的梳理，可以发现一个规律，那就是虽然保护的对象不同，但是差动逻辑原理却是相通的，都是通过计算各个相关联的电流的差值来判断系统的运行情况，母线保护相关的电流是各支路电流，主变保护相关的电流是各侧的电流。

其实对于变电站而言，涉及的主要保护逻辑原理可以归为过流/过压保护原理、差动保护原理、距离保护原理等几个大类。不同的保护装置可以有相似的保护原理。比如在主变保护、线路保护、母线保护中都有差动保护原理，而且极为相似；当然有一些原理就是个别装置为了保护特定的对象或实现某类功能而特有的，比如距离保护原理就只存在于线路保护中。

本章先梳理一下差动保护原理在线路保护中是如何实现的，从而加深对于差动保护的理解，但要从可以把遥远线路两端的电流联系到一起的光纤通道说起；然后，再来梳理线路保护特有的逻辑原理重合闸逻辑，以及继电保护中最复杂的逻辑原理：距离保护。

为什么要说线路保护是继电保护中的"热心肠"呢？因为它的保护范围最长，不仅要保护自己所在的变电站，对侧变电站有事儿了，它也要插一手。

5.1　浅谈上天入地的光纤通道

电力铁塔最上面的线是干什么的？

它从外观上看，像避雷线或者接电线，但是外观不是小电工研究的重点，要研究就要脱透过现象看本质，它的内核才是关键。

把电缆逐层分解，
可能会看到这样的情况，
外面是电缆线，里面是光纤。

问题又来了，为什么会有光纤在里面呢?

无论是天上还是地下的光纤，都是为了组成电力通信网，这个通信网络是独立于互联网之外的专网。

专网的作用就是变电站信息的实时监视和线路保护的纵联差动逻辑的实现。线路保护的差动功能实现的基础是比较线路两侧的电流。

当不满足基尔霍夫电流定律了，就需要跳闸。两侧变电站的电流就是通过这个光纤通道传递给彼此，从而完成差流计算的。

当时对方给我打了电话，说他摸到 2A，我想这不对啊，我摸到的明明就是 3A。难道是漏电了？于是我又计算了一下，3A-2A=1A，主人告诉我，到 1A 就跳吧。我想都没多想，就跳了，其实也没啥，无非就是挽救了一个变电站，防止了一次事故的扩大，还有……
记者朋友别走啊，我再说两点……

本节先聊聊这个上天入地的通道，后面详细讲解以此为硬件基础的纵联差动原理。光纤通道分为专用通道和复用通道两种。

5.1.1 专用通道

顾名思义就是"专门给你用"的通道，它跟差动保护装置之间的配合如图5-1所示。

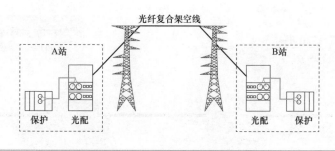

图 5-1   专用通道示意图

光纤复合架空线随着输电线路架设在A、B两座变电站之间，保护装置的光模块通过光配与光纤链路相连，从而完成和对侧变电站的直接联系。

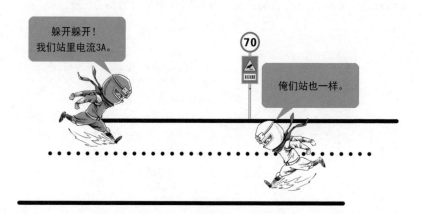

专用通道结构简单，方便高效，但是传输距离短，一般传输距离小于70km时使用专用通道。超过70km就需要考虑复用通道了。

5.1.2 复用通道

复用通道，顾名思义就是复合使用的通道，也就是这个通道不止给线路保护用，还给别人用。

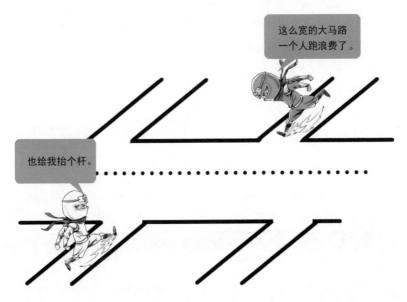

　　信息在既有的光纤网络中传递,无需再重新架设光纤通道。那么这么多人用,信息不会搞乱吗?让信息错开时间,分别打上标签再出发,就不会乱了!

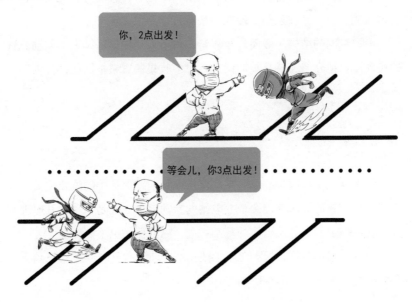

这就叫做时分复用技术，这种技术的实现依赖复杂的设备，所以在复用通道下，结构如图5-2所示。

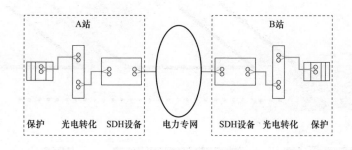

图 5-2   复用通道示意图

保护通过光电转化装置，将光信号变为电信号并传给SDH，SDH对电信号进行处理后将其变为光信号，经过电力专网传递给对侧变电站，对侧变电站反向操作完成信息的获取。

复用通道可以节省资源，对于通信中断也有自愈能力，说白了，以前跑一辆车需要修一条路，现在一条路可以跑很多辆车。

电力专网的结构一般而言很复杂，本节只是根据后续纵连差动原理的实现简单地介绍，感兴趣的读者可以多收集些资料扩展此部分内容。

5.2 漫画线路纵差保护

所谓纵差保护即光纤纵联差动保护，是线路保护中的重要逻辑，它是基于光纤通道纵向连接两个变电站的差动保护。凡是差动，其原理都是建立在基尔霍夫电流定律的基础之上，纵差保护也不例外。

参照本书第3章母线保护的讲解过程来讲解本节内容。首先画出一个线路的示意图，如图5-3所示。

图 5-3 线路示意图

跟母线保护相同，依然把两个电流互感器以内的区域（红线限制的范围）叫做区内，以外的区域叫做区外。正常情况下，发电侧电流全部流向了用电侧。那么基于基尔霍夫电流定律，则有

$$\dot{I}_{M} + \dot{I}_{N} = 0$$

假如此时在区内的某点 D1 处发生了故障，那么从发电侧而来的电流 $\dot{I}_{M}$ 有一部分流入了故障点，大小为 $\dot{I}_{D}$；剩余的部分流向了用电侧，大小为 $\dot{I}_{N}$，如图 5-4 所示。

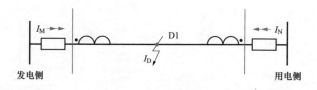

图 5-4   线路接地示意图

则有

$$\dot{I}_\mathrm{M} + \dot{I}_\mathrm{N} + \dot{I}_\mathrm{D} = 0$$

以上公式变化一下形式则有

$$\dot{I}_\mathrm{D} = \dot{I}_\mathrm{M} + \dot{I}_\mathrm{N}$$

这个 $\dot{I}_\mathrm{D}$ 就是纵差保护中的差动电流，线路保护装置通过比较该计算值与预设的定值的大小来决定是否动作，这一逻辑原理就是纵联差动保护逻辑。

那么，线路纵差保护只依靠这一差流值来判断动作与否可靠吗？

5.2.1　不平衡电流

把一次示意图的二次部分补充出来，毕竟装置采集的是二次电流，如图5-5所示。

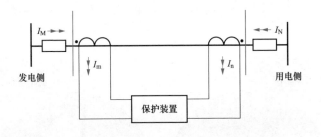

图 5-5　保护装置采集二次电流示意图

当一次电流从电流互感器的同名端流入时，互感器感应出的二次电流从同名端流出（左右手螺旋定则）。假设该互感器是理想的互感器，也就是说不存在额外的励磁损耗，那么一定存在

$$|\dot{I}_M|/|\dot{I}_m| = 二次匝数/一次匝数$$

$$|\dot{I}_N|/|\dot{I}_n| = 二次匝数/一次匝数$$

所以当系统正常运行时，只要两侧电流互感器的变比相同，那么感应出的二次电流就一定相同，也就是

$$\dot{I}_m + \dot{I}_n = 0$$

但是理想跟现实总是有差距的嘛！

没错，理想跟现实总有偏差，理想的模型不过就是为了理解简单，但是现实的运行情况却更加复杂。

实际上，互感器为了实现一次向二次传递能量，先要建立磁场，这个场子需要一定的电流才能罩住，每个互感器由于其自身特性的影响，所需要的场子不一样大。

这样一来，即便在正常运行的情况，互感器变换后的二次电流 $\dot{I}_m \neq \dot{I}_n$，也就是说 $\dot{I}_m + \dot{I}_n = \dot{I}_{unb} \neq 0$。其中，$\dot{I}_{unb}$ 就是由于互感器为了建立磁场而出现的不平衡电流。

这只是一种最简单的不平衡电流。实际运行中，比如区外故障等情况都可能引起更加复杂的不平衡电流出现，如果仅仅靠判断差流大小来决定动作与否，很有可能就误动啦。

那么该如何避免此类情况发生呢？与母线差动保护的原理类似，需要增加一个条件，在其不该动作的时候可靠制动。

5.2.2 比率差动

既然用"$|\dot{I}_{m} + \dot{I}_{n}| > $门槛值"的方式来决定是否动作已经不靠谱了，而且能测量的就只有 $\dot{I}_{m}$、$\dot{I}_{n}$ 这两个变量，那为什么不试试引入 $\dot{I}_{m} - \dot{I}_{n}$ 作为另一个限制条件呢？这就是常说的差分法。

把两个变量做如下的处理：

$$\begin{matrix} \text{差动电流} I_d \longrightarrow \\ \text{差动电流} I_r \longrightarrow \end{matrix} \dfrac{|\dot{I}_{m} + \dot{I}_{n}|}{|\dot{I}_{m} - \dot{I}_{n}|} = K \longleftarrow \text{比率制动系数} \qquad (5\text{-}1)$$

如果因不平衡电流的影响导致差动电流出现，相应的制动电流也会有所变化，这样二者的比值 K 就出现了一个变化范围。通过分析各种产生不平衡电流的情况，取得了一个最底线 $K_r = 0.6$，认为只要 $K > K_r = 0.6$，保护就可以在一定程度上避免不平衡电流的影响，灵敏且可靠。

把式（5-1）"蹂躏"一番，做个变形。

变形后的公式和之前只有门槛值的公式结合起来如下

$$|\dot{I}_{d}| > K \times |\dot{I}_{r}|$$

$$|\dot{I}_{d}| > |\dot{I}_{dset}|$$

式中：$\dot{I}_{r}$ 叫做制动电流，起制动作用；$\dot{I}_{d}$ 叫做差动电流，起动作作用。

同时满足这两个条件，即可认为逻辑判断相对可靠，也就可以让差动保护动作了。这种方式称为比率差动，画一幅似曾相识的图，如图5-6所示。

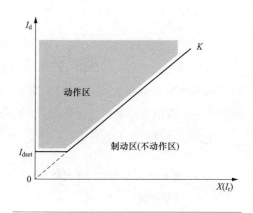

图 5-6　比率差动动作区示意图

是不是很熟悉？没错，是直接从母差那章中复制过来的，只不过这个图中斜率K=0.6。后续只要相关知识中涉及到比率差动的，都可以举一反三，自行深入研究。

5.3 揭穿纯靠"蒙"的重合闸动作逻辑

系统一有问题保护装置就要跳断路器，但是各位小伙伴有没有想过跳开断路器的后果。

这就给一些"不想上学的学生"找到了不上学的理由，为了避免此类情况发生，如果断路器在跳开后故障消失了，此时试试合上断路器，岂不是就可以减少停电时间。

专家告诉我们，发生在线路上的故障，大多都是瞬时性的。比如

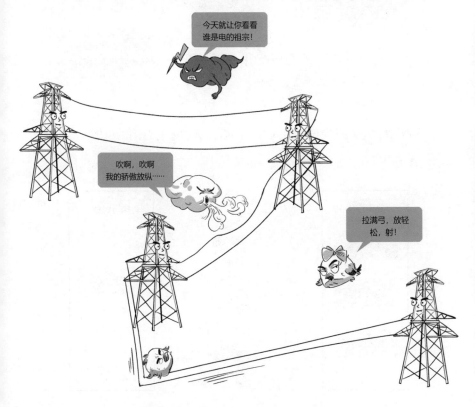

雷击、大风、小鸟都能引起故障，等它们消失了故障也就没了，这就叫瞬时性故障。遇到故障跳开后再尝试合闸，这样的过程就叫重合闸，那么在装置层面是如何实现的呢？

5.3.1　重合闸的充放电状态

为了保证保护装置该合的时候合，不该合的时候不乱合，重合闸相比其他保护逻辑就多了一个充放电过程。

所谓充电就是满足一系列的条件后，保护才有合闸的可能。

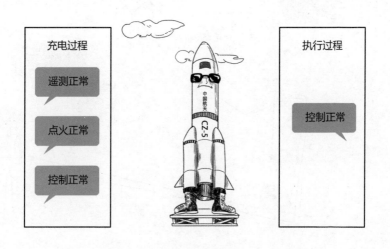

　　充电过程也可以叫装置的自我检查过程，类似火箭发射，各项指标正常，发射也就只等一声令下了。

　　保护装置的充电条件主要如图5-7所示。

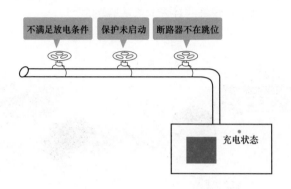

不满足放电条件　保护未启动　断路器不在跳位

充电状态

图 5-7　保护装置的充电条件

　　三者同时满足且持续20秒以上，保护就充好电了，现在一个一个条件的来梳理。

　　（1）不满足放电条件。放电就是某个条件不满足，保护不具备重合的前提，比如手分就是其中之一，让保护装置放电，防止其重合，其他条件还有重合闸的功能处于禁止和停用状态、闭锁重合闸或低气压闭锁有开入、TV断线。

禁止　　　　停用

◆ 重合闸的功能处于
　禁止或停用状态

　　人家不让用，当然也就不用充电了。

闭锁重合闸或
低气压闭锁有开入   +DC

比如当母线保护跳开各支路时，就会发出闭锁重合的开入，此时就不要再尝试合闸了，跟母差对着干总是不好的。

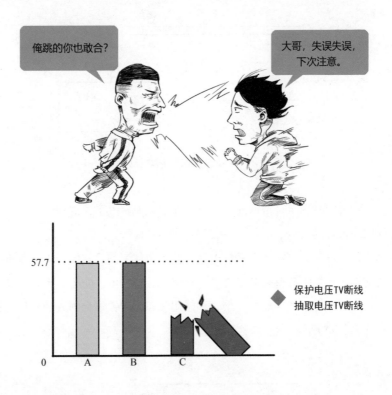

TV断线属于运行异常状态，重合闸自然也就不敢充电了，以上放电条件任何一条满足都会破坏充电状态。

（2）保护未启动。重合闸的充电条件再进一步细推，其实无非就是系统当前处于完全正常状态。保护启动就类似火箭发射已经开始倒数计时的过程，此时系统不在正常运行状态，就没必要去充电了。

（3）断路器不在跳位。结合上面分析，重合闸是在断路器由合位变为跳位的过程中生效的，也就是说它的初始状态应是断路器合位。如果断路器在分位的情况下贸然充电，就有可能导致检修状态下的误合，造成事故。

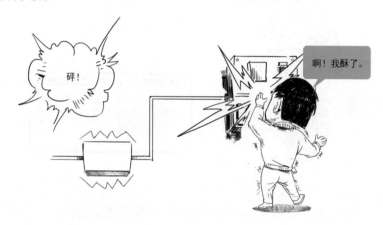

所以，想完成充电，断路器必定不能在跳位。

5.3.2　重合闸的动作过程

完成了充电之后，动作过程就相对简单啦，其整体动作过程统共分三步。

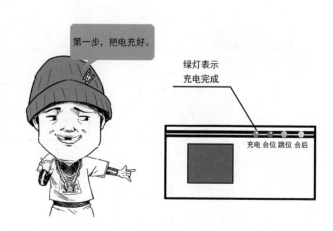

满足以上所讲的充电条件，自然就可以充好电了，这个充好电的状态可以更直白地叫做"允许重合"。

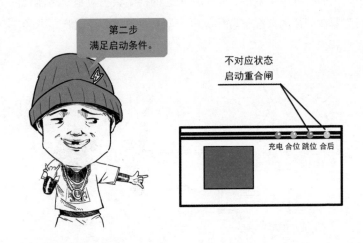

启动条件类似点火发射的命令，就是说重合闸准备好之后，出现一个刺激让其动作。

这个刺激就从保护跳闸之后的状态来寻找，最明显的即事故总状态，也就是出现跳位和合后并存状态。

这种状态代表断路器被保护跳开，而不是被手动分开，我们称其为不对应状态，保护装置识别到不对应状态即启动重合闸。

保护启动后即驱动装置发出重合命令，也就是说可通过操作回路合闸，如果合闸后故障消失，那就表示"蒙"对了，这就是一次重合闸。

但如果蒙错了，也就是合闸后故障还在，那就再次跳闸，跳闸后如果再次合闸的，叫二次重合闸，再多一次这个循环的，叫三次重合闸。

　　重合闸的整体逻辑相对简单，读者可以自行研究一下保护装置在跳开后为什么敢重合。

5.4 漫画线路距离保护逻辑

　　本节之前所讲的全部保护原理都是基于电流量的，无论是母线差动、主变差动还是线路差动都是如此，很简单！

简单是指它们大部分都比较经济、可靠，但是这些保护受运行方式的影响比较大。

5.4.1　为什么需要距离保护

运行方式不同，系统中的短路电流也不同，比如电力系统中共有5台发电机，投入1台叫最小运行方式，全部投入叫最大运行方式。又比如变电站有两段母线，并列是一种运行方式，分列是另一种运行方式。

假设在图5-8运行方式一中和方式二中发电机的功率都相同，额定电压一致；那么在运行方式一中如果电流为I，那么在运行方式二中，电流就要大于I甚至到$5I$。

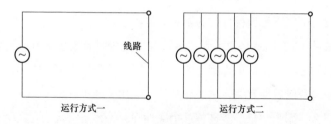

图 5-8　不同运行方式对比

试想此时线路发生短路故障，在最大方式下电流的变化幅度大，保护会灵敏地完成动作；最小方式电流的变化幅度小，保护装置的灵敏性降低。甚至在最小运行方式下，很可能线路出现了故障，但由于短路电流实在太小，保护识别不到，也就不会动作了。

这就是之前所讲的差动和过流保护逻辑的一些局限性。因此，需要一种保护逻辑能满足以下两个要求：

（1）可以准确识别故障。

（2）可以不受运行方式的影响。

条件（2）也就是说不受"运行方式变化而导致短路电流变化"这种情况的影响，说得更直接一些，即，可以不受短路电流影响，它的变化只跟自身的属性有关，跟外界其他变化相关性小甚至无关。

那么，哪个"量"能具备这个属性呢？答案是阻抗，它完全是系统自身属性，不会受到外界的影响。

5.4.2　距离保护的理论实现

下面试试推导利用阻抗来做一个保护逻辑这一想法能否满足要求。

一条线路的电阻与其长度成正比，假设图5-9这条线路电阻为3R，那么将其三等分后，每一段的电阻都为R。基于此，其等效图如图5-10所示。

R	R	R

图 5-9　导线电阻示意图

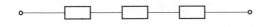

图 5-10 导线电阻等效图

为讲解方便,假设连线的电阻为0(当然现实肯定不是如此),然后将其放在最开始的电路图中进行分析,如图5-11所示。

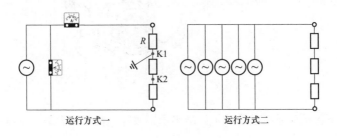

图 5-11 最小运行方式接地分析

在最小运行方式下,当K1点发生金属接地时(假设电流全部流向大地),相当于电路图中只有上面的一个电阻R,下面的两个电阻受短路影响不再计入回路中。

那么根据欧姆定律，电压表测量到的电压和电流表测量到的电流之间的比值必为电阻R，即

$$U_{m1}/I_{m1}=R$$

式中：U_{m1}、I_{m1}表示在K1点接地时的测量电压和测量电流。

同理当K2点发生短路，相当于回路中剩余上面的两个电阻$2R$，下面的一个电阻受短路影响而不计入回路，必然会有

$$U_{m2}/I_{m2}=2R$$

式中：U_{m2}、I_{m2}表示在K2点接地时的测量电压和测量电流。

其实反过来，当用电压表、电流表测量到U和I，通过计算发现其比值为$3R$时，系统肯定处于正常状态；发现其比值为R或者$2R$或者任何小于$3R$的数值时，系统肯定处于异常状态，同时根据计算到的阻值大小，甚至能够知道其故障点发生在哪里。

这倒是个新思路！

通过测量系统的阻抗可以准确识别故障，甚至能识别到故障发生在哪里，以上说的条件（1）被超额满足啦。

还有一个条件需要证明，那就是运行方式变化是否对以上判断有影响。下面来看最大运行方式下，采用以上思路分析结果如何，如图5-12所示。

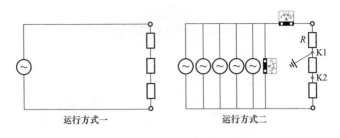

图 5-12　最大运行方式接地分析

依然假设K1点发生故障，利用欧姆定律，必然会有

$$U_{m1}/I_{m1}=R$$

反之，当测量到U和I的比值为R时，同样也可以判断系统出现故障，且其故障点在K1。同理，当系统中接入2个、3个、4个发电机情况都是一样。可见，系统运行方式变化并不会对该方法的灵敏性造成影响。

如此一来，条件（2）也就满足了。

把以上这种通过比较电压电流的比值，即阻抗，来判断故障，且不受运行方式影响，并能定位故障点或者距离的保护叫做距离保护。

当然，以上只是最简化的模型，实际应用中要复杂得多，我们继续往下掰扯。

5.4.3　距离保护中的阻抗概念

为分析方便，以上假设中认为电力系统中只有电阻，但实际情况上，电力系统中除了电阻，还有电感、电容等感性或者容性特质。

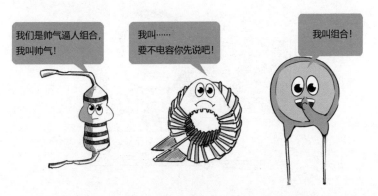

不对！"组合"的名字前辈早帮你们想好了，叫阻抗！

大家都知道电感和电容有阻碍电流变化的作用，它俩合起来叫做电抗。一般把电阻和电抗，统称为阻抗，这就是接下来我们要讲的主角啦。

实际上距离保护原理的核心前提就是阻抗,如果把阻抗相关的知识点搞清楚了,距离保护的原理也就不难理解。依然还是整个等效个电路图出来,如图5-13所示。

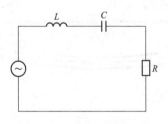

图 5-13　RLC 等效电路图

电感具有阻碍交流电变化的特性,通过电磁感应、楞次定律,以及其他各种实验,推导出电感内的感应电流滞后于电源电压90°。

如果电感是一条圆形赛道,电流、电压是两个运动员,在这场比赛中比的是跑步,那么它们的关系一定是这样的:

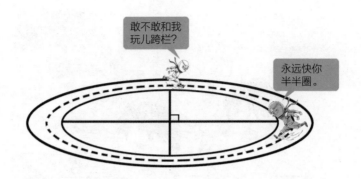

电容呢，也有其自身的特性，它能通交流阻直流，跟电感相反，流经它的电流要超前于电源电压90°。

同样的，如果电容是一条圆形赛道，电流、电压流经电容的过程更像是跳跃跨栏过程，电流很擅长。

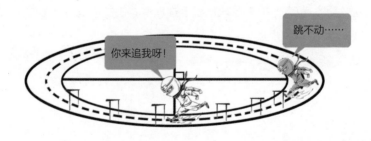

电阻呢，不会对电流造成延时或者促进，所以流经电阻的电流和电源电压角度一致。

课外
小知识

关于电感阻碍电流变化，使其滞后于电源电压的问题，在高中有一个实验，如图5-14所示，当开关闭合瞬间，H2灯瞬间点亮，H1灯要经过短暂延时才亮。

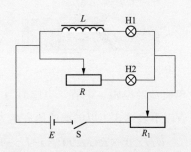

图 5-14 电感阻碍电流变化等效图

这个实验很好地展示了电感阻碍电流变化的现象。基于以上实验在理论层面也能总结出$U=L\mathrm{d}i/\mathrm{d}t$的公式。基于该公式，如果令$i=\sin(wt)$，那么必有$u=L\mathrm{d}\sin wt/\mathrm{d}t=L\cos wt=L\sin(wt-90°)$。

由此公式也可推导出，电源电压角度超前于电流角度90°。

在带上角度来考虑电路中的阻抗时，"2=1+1"的简单幅值问题就变成了"2=1∠0°+ $\sqrt{3}$ ∠90°"的向量相加问题。

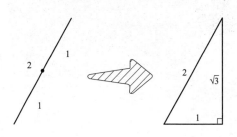

为了文章，把勾股爷爷都请来了，服！

　　基于以上电流流经电阻、电容、电感时与电压之间出现90°角的情况分析。可以有以下表达式（以电源电压方向为参考方向）：

$$U=I\angle 0° \times R+I\angle 90° \times L+I\angle -90° \times C$$

　　这个公式又可以写成

$$U=IR\angle 0°+IL\angle 90°+IC\angle -90°$$

　　把两边同时除以I，公式又可以进一步变形为

$$U/I=R\angle 0°+L\angle 90°+C\angle -90°$$

　　U/I就是系统中的阻抗，一般用Z表示，仔细观察可以发现L、C方向相反，那么以上公式就可以变为

$$Z=R\angle 0°+（L-C）\angle 90°$$

睡觉的都醒醒了！
我要变形了！

$$Z=R\angle 0°+X\angle 90°$$

以上 $L-C$ 就是电抗，可以用 X 来表示，上述公式又可以进一步简化为

$$Z=R\angle 0°+X\angle 90°$$

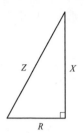

为了表达方便，上述公式可以调整为复数形式，即

$$Z = R+\mathrm{j}X$$

此处 j 仅表示90°角差，无其他实际意义。

可以把 Z 在一个以 R 为横轴、X 为纵轴的坐标图中表示出来，如图 5-15 所示。

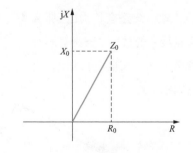

图 5-15　阻抗的极坐标表示图

这就是极坐标，后面要讲到的距离保护的动作区（阻抗圆）的概念，也是建立在此极坐标的基础上之的，小伙伴们要记仔细哟。

以上对于等效模型和阻抗进行了梳理，那么实际中应用中，距离保护应该如何实现呢？

5.4.4 距离保护的现实实现

抽象出两个变电站和一条线路的模型，如图5-16所示。

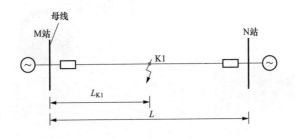

图 5-16 线路示意图

在两个变电站都安装了保护装置，线路全长为L，那么根据线路的材料、直径等固有参数，结合长度L可以计算出其阻抗为ZL。

俺老孙的棒，阻抗也跟长度成正比。

系统在运行过程中，M站的继电保护装置会测量到此刻的电压U_m和电流I_m。

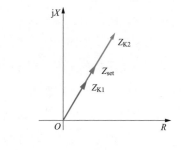

那么测量阻抗就可以表示为

$$Z_m = U_m / I_m$$

参考其他保护逻辑，在装置内部整定一个动作阻抗值Z_{set}，当保护计算到$Z_m < Z_{set}$时，就动作跳开断路器，这样保护逻辑就实现啦。

举例来说，如果在K1点发生故障，因为长度$L_{K1} < L$，那么必然也有$ZL_{K1} < ZL$。此时如果整定阻抗$Z_{set} > ZL_{K1}$。那么保护自然就可以判断出系统存在故障，或者说至少在保护装置所保护的这一片区域里面存在故障，而且可以算出故障的大概位置，并跳开断路器，从而隔离故障。这一数值的对比可以用极坐标的方式表示，如图5-17所示。

图 5-17　测定阻抗、整定阻抗、全阻抗在极坐标中的对比

讲到这里，读者可能就会问了，K1点处发生接地故障后，测得的阻抗Z_{K1}的方向一定跟Z_{set}方向一致吗？Z_{set}既然是向量，那么它的角度又是多少呢？

先回答第二个问题，对于向量而言，在整定定值时不仅需要考虑其幅值，还应考虑其角度，这个角度就叫做阻抗角，一般而言，为了确保电网运行效率，这个角度不能低于75°。

为什么不低于75°呢？这个角度表面上看是阻抗的角度，实际上却是由电压和电流之间的夹角反映出来的，只是我们通过5.4.3节的计算转化到了阻抗身上而已。

电流电压之间的夹角又叫做功率因数角，根据$P=UI\cos\phi$，如果此角度过小，那么电网的效率就太低了，所以一般而言，在选择线路材料时都会选择阻抗角大于75°的材料，定值整定时要根据实际测得的线路阻抗角来整定。

再说第一个问题，由于误差、干扰因素等影响，测量阻抗的方向并不总是与整定阻抗方向相同。也就是说线路发生短路时，其角度不一定刚好等于整定阻抗的角度，即图中的OZ_{K1}和OZ_{set}不一定重合，而是OZ_{K1}在OZ_{set}上下的一定范围内摆动。

既然解决了读者的疑问，那么小电工反过来问一个问题，在这样上下摆动的范围内保护该不该动作呢？

其实，这就引出了距离保护动作区域的概念，它除了在整定方向上小于整定值时动作外，在其他区域动作与否，由保护动作区决定。

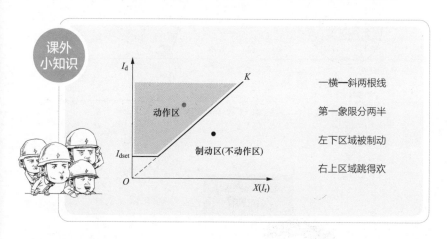

像母线保护一样，距离保护也有自己的动作区域，只不过它不再是"第一象限分两半"，而是一个封闭的区域，在这个区域内，保护都应该动作。

而且由于接地性质的不同，为了最大程度地保护电网安全，变着花样的地出现了好几种动作区，有圆形的、苹果型的、方形的、椭圆形的等，如图5-18所示。

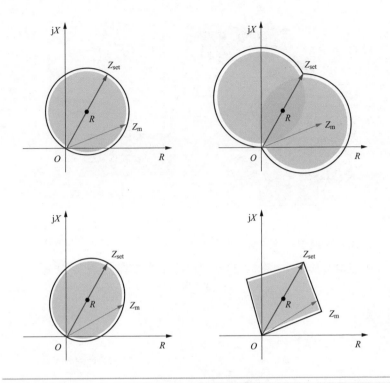

图 5-18　四种典型动作区

但不管咋圈地，不管圈成了什么形状，它们都有一个特点，那就是在Z_{set}方向上都没能超过Z_{set}。

（这不是废话吗，在Z_{set}方向上要超过Z_{set}还能动作，那不是保护有问题就是人脑有问题了）

实践过程中到底该用以上哪种动作区域，各个厂家都有不同的侧重。

动作区域是画出来了，但保护可是看不懂画面的，它只知道通过U、I算出一个值，然后跟Z_{set}对比。那就需要把以上动作区域转化为保护能看懂的公式，这样也才算真正地了解保护的逻辑了。

以圆形动作区为例，来讲讲应该如何用保护能懂的公式将其表达出来。有两种方式，通过幅值和角度都可以描述这个动作区域。

（1）幅值表示。如图5-19所示。

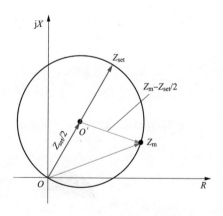

图 5-19 圆形动作区的幅值表示

当Z_m落在圆周上时，就是保护动作的临界点，在这之内保护动作，在这之外保护不动作。此时Z_m到圆心的距离刚好等于圆的半径，图中绿色线段和圆半径之间的关系可以用向量表示为

$$|Z_m - Z_{set}/2| = |Z_{set}/2|$$

如果Z_m落在圆内，必然有：

$$|Z_m - Z_{set}/2| < |Z_{set}/2|$$

因此，用幅值描述的动作区域为：

$$|Z_m - Z_{set}/2| \leqslant |Z_{set}/2|$$

保护装置采集到U、I，然后计算出Z_m，把Z_m按照以上公式跟Z_{set}做对比，即可知道该不该动作。

（2）相角表示。如图5-20所示。

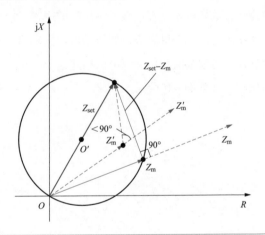

图 5-20   圆形动作区的相角表示（右下部分）

同样，分析Z_m落在圆周上的情况，圆上的任一点与直径所组成的三角形必为直角三角形，也就是说"$Z_{set}-Z_m$"和Z_m之间的夹角为90°。

当 Z_m 落在圆内,也必然有其之间的夹角小于90°。一般用 $\arg\dfrac{X}{Y}$ 来表示向量 X 和 Y 之间的夹角,那么在动作区域必然有:

$$\arg\frac{Z_{set}-Z_m}{Z_m}\leqslant 90°$$

保护装置采集到 U、I,然后计算出 Z_{set} 与 Z_m 之间的夹角,再算出该夹角与 Z_m 之间的角度,然后按照公式,就可以确定该不该动作。

不过等等,这个公式对吗?角度是一个任意的概念,小于90°的角有89°,有-90°,有-270°,这样算来,岂不是不管什么角度都能动作了?显然这不合理,还需要一个最低限度,将动作区域限制在某一范围内。

以上只分析了测量阻抗落在右下区域,还需要看看测量阻抗落在圆的左上区域会如何,如图5-21所示。

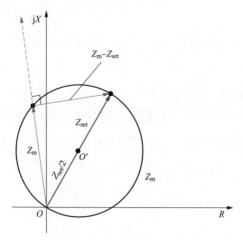

图 5-21 圆形动作区的相角表示(左上部分)

同样的推理过程,当测量阻抗落在左上方圆周上,很明显可以看到"$Z_{set}-Z_m$"和 Z_m 之间的夹角为90°。同理,落在左上方圆内,必然有其夹角大于-90°,这就是下限。

将两种情况结合，把图形简化，如图5-22所示。

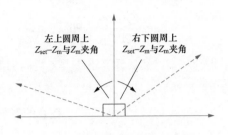

图 5-22   满足动作条件的相角范围

从而推导出用相角描述动作区的方程为：

$$-90° \leqslant \arg \frac{Z_{\text{set}} - Z_{\text{m}}}{Z_{\text{m}}} \leqslant 90°$$

这就是合理地通过角度公式表示出来的动作区域。

基于以上梳理，保护装置在测量到U和I之后，要么计算出Z_{m}的幅值，通过幅值的公式判断故障与否；要么计算出Z_{m}的相角，通过相角的公式判断故障与否。这就是距离保护的逻辑原理，作为继电保护中最复杂的逻辑原理之一，想要彻底搞懂它，还是需要读者苦下一番功夫的。

5.5 手把手教你做实验——重合闸

线路保护重合闸的原理，其实很简单，总结下来就是：

做好准备　　　　　　　　接受刺激　　　　　　　　立马动作

依然按照"理思路、做准备、搞实操、记数据"的步骤来捋一捋实验的方法（此实验以长园深瑞PRS-753线路保护为例，各厂家装置实验方法略有区别，具体实验中请以实际为准）。

5.5.1　理思路

实验思路就是基于重合闸的动作过程。首先，模拟合适的条件让重合闸完成充电；然后模拟过流故障，让保护装置跳闸，从而创造出不一致条件；最后启动重合闸，重合闸成功动作。

之前的章节有讲到重合闸的实验相对简单，需要关注的是重合闸的动作过程，而无需太多关注实验过程中数据的大小。

5.5.2　做准备

从定值和工具两个方面来做准备。

（1）定值。重合闸实验相关的定值有数值型定值、控制字、软硬连接片。

　　按照实验思路,要模拟过流Ⅰ段来跳开断路器,所以定值中涉及到了过流保护的定值。另外,重合闸在满足动作条件后是经过一定延时才能动作的。

　　所以,延时时间整定好,大把青春才不会少。

控制字投入，代表相应功能生效。此次涉及到重合、不对应启动方式及过流 I 段的相关功能，所以以上控制字投入。

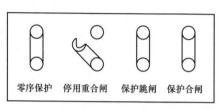

软连接片、硬连接片、控制字共同决定保护功能生效与否，以上定值基本就可以满足实验的要求。

（2）工具资料。重合闸实验，涉及到位置信号的变换。所以为了方便，本次实验模拟断路器不可或缺。

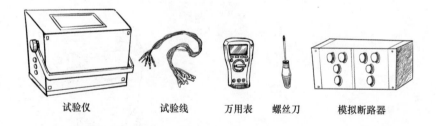

试验仪　　　　试验线　　　万用表　螺丝刀　模拟断路器

其他工具资料包括按照传统实验的方式准备。

5.5.3　搞实操

（1）接线。按照理思路的内容需要让重合闸满足充电条件，同时使用过流保护让其跳闸。基于此，此次实验模拟量的接线梳理如图 5-23 所示。

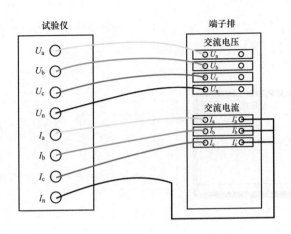

图 5-23　重合闸实验接线

此次实验涉及到位置以及出口信号，接线需单独考虑，如何接线呢？读者不妨自己动手试试。重合闸实验过程概述图如图5-24所示。

（2）设置。此次设置需要引入状态序列，也就是用实验仪自动实现从一个状态到另一个状态的转化。

图 5-24　重合闸实验过程概述图

1）模拟正常状态。这一步目的就是消除TV断线，装置恢复正常运行状态。恢复正常后，可以通过"按键触发"结束这一状态，从而进入下一状态，如图5-25所示。

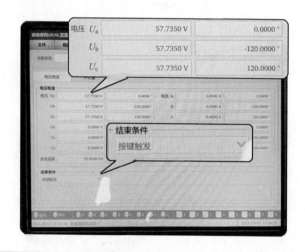

图 5-25　重合闸实验实验仪第一状态

2）模拟故障状态。这一步的目的是用实验仪模拟过流故障，"诱骗"保护装置跳闸，如图5-26所示。

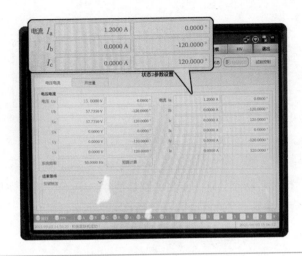

图 5-26   重合闸实验实验仪第二状态

3）模拟正常状态。保护装置跳闸后即可出现不对应状态，此时重合闸会重合，为了让其合闸后不再次跳开，还需要模拟系统恢复正常运行状态，如图5-27所示。

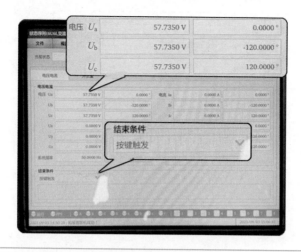

图 5-27　重合闸实验实验仪第三状态

这一状态可以通过手动触发，难度在于在断路器合闸的瞬间要马上手动触发，考验反应速度。还可以通过"开入状态触发"，即将断路器位置接入到实验仪中，当其合位时自动触发该状态。

（3）开始。又到了最简单的步骤，点击开始即可，先开启第一个状态，观察装充好电。

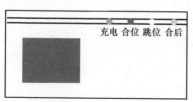

充电完成后，开启下一个状态，模拟过流保护动作跳闸。

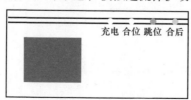

此时出现状态不对应启动重合闸，重合闸开始动作。

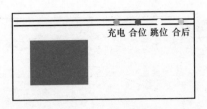

通过返回的断路器位置，自动触发最终的正常状态，装置重新恢复正常状态，再次开始充电。

5.5.4 记数据

此次实验需要记录保护跳闸、重合闸动作时间，用于校验装置精确程度。由于不需要做计算，所以模拟量参数不是此次观察重点哟。

扫码观看线路保护重合闸实验过程

第 6 章

继电保护中的"和事佬"
——备自投

压降

以上章节的逻辑原理针对性都比较强，都是用来保护特定对象，然后顺便将故障对系统的影响降低到最低，可以说是有些"自私"了。除了重合闸之外，都只考虑了如何跳闸，却不管跳闸之后能否通过合闸让短暂的断电过程得以恢复，可以说是相当专注"眼前利益"了。不过，这么做是完全合理的，各司其职，才能推倒对方"防御塔"，不是，才能各自可靠嘛。

但是变电站中，也不能缺了这样一个可以决策在断电之后如何重新供电的设备，它就是我们本章的主角——备用电源自动投入装置（本章简称备自投）。备自投装置更多的是站在全局的角度来确保系统短暂停电后，自动恢复供电，有了它，供电可靠就多了一层保障。它更像是现实生活中的"和事佬"，其他保护"惹的事"，它总想着挽救一下，当然有成功也有失败。

6.1 漫画备自投保护逻辑

备自投为什么叫做备自投，而不叫备它投，备我投呢，先来看看图6-1。

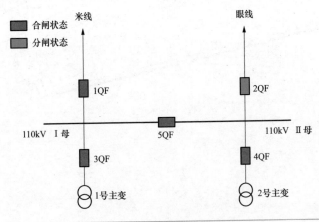

图 6-1   单母线分段接线示意图

对于一个110kV变电站而言，如图6-1所示，两条馈线分别为"米线"和"眼线"。当前运行方式下，"米线"雨露均沾，给1、2号主变供电。如果此时，"米线"突然故障，把1QF憋跳了，那1、2号主变就不会再嗡嗡嗡……嗡嗡嗡……地叫了。

此时，要是能有一个装置在这时候把2QF合上，也就是由"眼线"给1、2号主变供电，就能保证用电短时中断后迅速恢复了。

这样的装置叫做备用电源自动投入装置（备自投），有了它，供电的可靠性就有了进一步的保障。读者看到这里是不是觉得它很像重合闸，确实它们的手段都是一样的，都是通过合闸来让停电时间最短，不过重合闸合的是同一个断路器，备自投操作的是多个断路器。

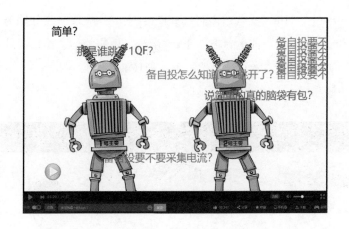

　　其实，相比前面章节的线路距离保护或者主变差动保护，备自投的原理确实简单一些，但是过程中涉及了很多位置变换和逻辑判断，理解起来也没那么容易，需要一点点地解决上面的疑问。

　　跟重合闸原理类似，备自投动作主要有三个过程，但是需要采集多个信号用来进行判断（模拟量和开关量），如图6-2所示。

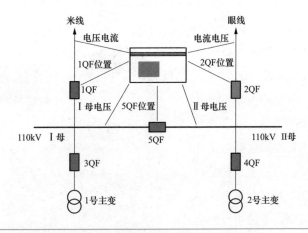

图6-2　备自投装置采集信号示意图

6.1.1　充电

在正常的运行方式下，1QF、5QF在合位，2QF在跳位，Ⅰ段母线、Ⅱ段母线、"眼线"均有电压。

检测到以上状态，延时固定时间，备自投就充好了电，只要"米线"一有问题，就可以动了。就像打麻将过程中的听牌。

6.1.2　动作

识别到米线的不正常状态是备自投动作的一个关键条件。那怎么用简单的方式来表明米线不能正常供电了呢？

电压、电流确实是判断各种状态的好工具，试想一下如果1QF真的跳开了，相应的线路电流、母线电压肯定都消失了。

识别出"眼线"的正常运行状态，是备自投动作的另一个关键条件，只有证明"眼线"处于正常状态，而且随时可以供电，2QF合上才有意义。

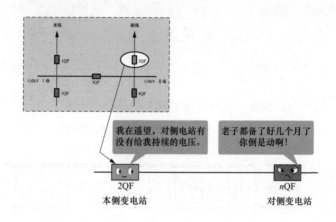

"眼线"上有电压即可证明其处于热备用状态！

因此，"米线"电流消失、母线电压消失、"眼线"有电压，三者同时满足，备自投才会启动。

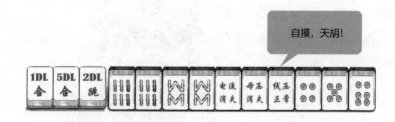

6.1.3　跳闸

动作条件满足后，首先跳开1QF（即便其他保护已经跳开了1QF，备自投有时还会再跳一次），备自投检测到1QF已经跳开后，再合上2QF，检测到2QF已经合上后，即提示：备自投成功。

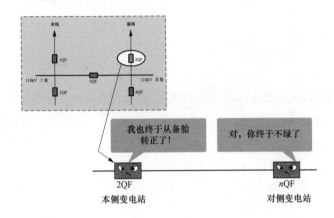

这样的备自投方式叫做联络线备自投，当然系统中还存在着分段备自投、主变备自投等方式，它们的动作逻辑过程基本跟联络线备自投一致，感兴趣的读者可自行推导。

6.2　浅谈备自投闭锁过程

差动保护都还有个制动区呢，备自投难道就全程自由不受限，漫天合闸没人管吗？答案当然是否定的，它一样有类似于差动保护的制动过程，一般称这个过程为"闭锁"。

备自投装置   主变保护

如果说谁能让备自投不嚣张的话，那么主变保护和母差保护可以说是它惧怕的对象了。在以上动作逻辑的基础上，再来梳理一下什么情况下备自投会被闭锁住而不能动作。

6.2.1 主变备自投闭锁条件

主变备自投的逻辑用一个口诀总结那就是"简·跳河"。

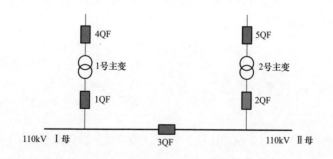

"简"是指检测两段母线失压、1号主变无流，2号主变高压侧有压；"跳"是指延时跳1QF；"河"是指合2QF。

吓我一跳，我以为谁跳河了呢！

假设1号主变和110kV Ⅱ段母线同时发生故障，这种情况下主变保护会动作跳开4QF、1QF，导致Ⅰ段、Ⅱ断母线均失压。此时，满足备自投动作逻辑，但如果备自投就这么冒冒失失地把2QF合上，2号主变将直接通过Ⅱ段母线接地，那可就误伤了变电站中最贵的宝贝了。

那怎么办呢？110kV Ⅱ段母线如果有问题，母线保护肯定动作，也就是"Ⅱ母差动动作"，它可以把这个信号送给备自投，备自投在收到这个开入的时候放电，那么就不会再合闸啦。

母差大人，你跳的时候告诉小备啊，咱可不能好心办坏事。

所以母线差动动作是主变备自投的闭锁条件之一。

再假设另一种情况，7QF所在线路发生故障，线路保护没有成功把7QF跳开。

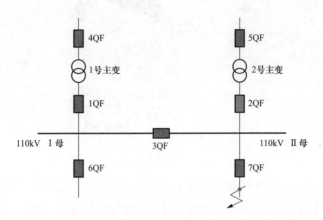

那么1号主变保护中的后备保护，就会把1QF、3QF跳开以隔离故障。

这种就是越级跳闸。那么在这种情况下，备自投装置该不该继续动作呢?

答案是不该，因为如果此时还去合2QF，那么2号主变就会直接接地，误伤变电站最贵的"崽"。

如何避免呢？同样的道理，当主变后备保护动作时，主变保护也会将动作信号传给备自投，使其放电，这样就可以避免备自投合闸于故障啦。

所以说，主变后备保护动作是主变备自投闭锁的第二个条件。

6.2.2 内桥接线的进线备投闭锁条件

在之前的章节讲到过什么是内桥接线，分段断路器的位置是区分内桥、外桥的关键。

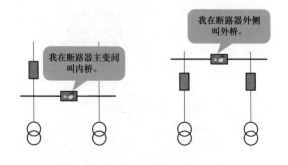

以内桥为例，假设110kV Ⅱ段母线出现接地故障的情况下备自投动作，就会合闸于故障。因此，母线差动保护动作需要闭锁备自投。同样，当主变后备保护动作时，也需要闭锁备自投。

对了，还有一个克星，那就是手跳把手，手动分闸的时候备自投就不要"欠欠地"再去合上了。不过，多些克星也好，爱之深、克之切嘛，活在限制中，才会有更大的自由。

6.3　手把手教你做实验——联络线备自投

又到了一看就会，一上手就"废"的实操环节，请深呼吸、放轻松，认真接线、稳点加量，肯定能做出逻辑实验。

讲了这么多期实验方法，最重要的还是要像驾校学车一样，你得上车啊，不然教练讲的都懂，关键时刻一摸方向盘就冒汗。

本实验依然按照理思路、做准备、搞实操、记数据四个步骤带大家梳理联络线备自投的实验方法（此实验以长园深瑞ISA-358G备自投为例，各厂家装置实验方法略有区别，具体实验时请以实际为准）。

6.3.1　理思路

备自投逻辑与线路保护重合闸逻辑类似，都要经过充电、启动、跳闸的过程。可以说它们是一个模子里刻出来的。

不过，具体到每个大步骤下，还是有所区别的。比如两者逻辑中都有充电过程，但是充电的条件就不一样了，下面一个个来说。

首先，需要先对比本章所讲的备自投示例和实际装置ISA358G的区别，这个时候需要一本实际装置的说明书。

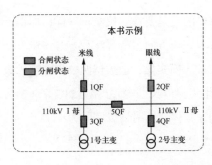

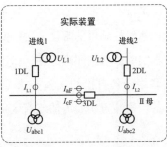

既然是联络线备自投，只需要观察"上半身"（母线及以上），发现母联的编号有区别，小电工使用的是5QF，说明书中使用的是3DL，充电或者动作的过程中此处需要格外注意，其他区别就无关紧要了。

其实做联络线备自投实操的思路就跟讲解保护动作逻辑时思路一致，此实验就模拟在初始阶段进线1处于运行状态，母联在合位，进线2处于备用状态；实验过程模拟进线1故障，备自投自动投入进线2带动系统正常运行。下面简单梳理实验思路。

（1）充电。首先，给备自投装置加正常的电压量、摆好各个断路器的位置，让其充电。需要特别指出的是，此处有一部分条件需要结合定值整定情况来具体满足。比如当定值中"检电源2电压"投入时，除了需要给两段母线加正常电压外，还需要给进线2加一个正常线路电压，此时才能充电。

这是典型的解决不掉问题就忽视它的逻辑，保护装置内部的定值到底该不该投要由系统运行情况决定。

（2）模拟失压。当满足充电条件后，只需要按照以上逻辑讲解的过程模拟Ⅰ、Ⅱ母失压，也就是说通过实验仪降低电压量，让其电压小于"母线无压定值"，此时，保护装置就会进入后面的自动动作逻辑。

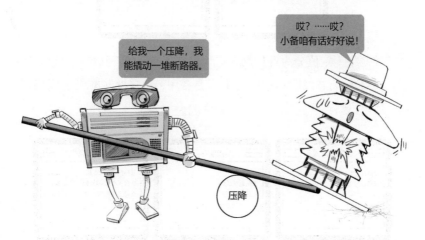

（3）保护动作。当满足失压条件后，备自投会先跳开1QF，此时，需要模拟1QF断开的信号发送给保护装置，否则保护装置以为折腾一通没跳开，没啥满足感，就不往后面执行了。

同样的，在收到1QF分位信号后，备自投将尝试合上2QF，此时，依然要模拟2QF合上的信号给保护装置，保护装置收到此信号后，就会心满意足地告诉你"备自投动作成功"。

6.3.2　做准备

依然从定值和工具两个方面来做准备。

（1）定值。结合思路的梳理，整定好对应的数值型定值、控制字、软压板、硬压板，确保功能的达成。

其中，数值型定值中母线有压是指母线的线电压，整定为二次额定值，即100V；无压定值整定为40V。

控制字型定值分为备自投方式和控制字两部分，其中备自投方式1指：线路1运行，线路2备用，不是，是备用；备自投方式2指：线路1备用，线路2运行。

需要特别指出的是，控制字中合后位置接入方式整定为0，是指保护在充电条件中不判断合后位置，那么此次实验为什么不投入呢？

（2）工具资料。备自投实验，涉及位置信号的变换，重合闸实验过程中建议使用模拟断路器，但是做备自投的实验不妨手动通过硬电缆来给出位置信号，从而来检查一下自己跟装置是否能配合得上。

试验仪　　　　试验线　　　万用表　螺丝刀　模拟断路器

其他工具资料就以按照传统实验的方式准备吧。

6.3.3 搞实操

（1）接线。重合闸实验涉及的模拟量就是母线电压。不过，ISA358G有个特殊点，即，需要检测到线路1无流且同时母线无压时，才进入到备自投动作逻辑中。所以，线路1的电流需要接入，接线方式如图6-3所示。

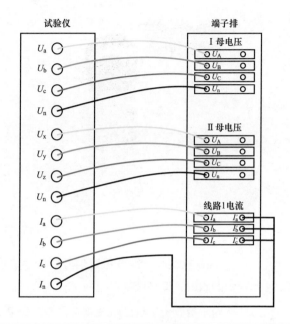

图6-3　备自投实验接线方式

至 于1QF、2QF、
3QF这些位置信号，各
位就准备好短接线，配
合着装置的动作逻辑，
时不时捅一下装置的端
子排就好了。

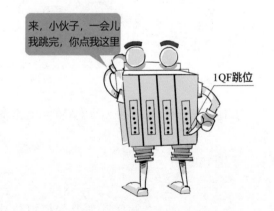

（2）加量。此次依然使用实验仪的状态序列菜单来完成加量，设
置两个状态：其一为初始正常状态；其二为过程中的母线无压以及线路
无流状态。图6-4、图6-5所示的设置可供参考。

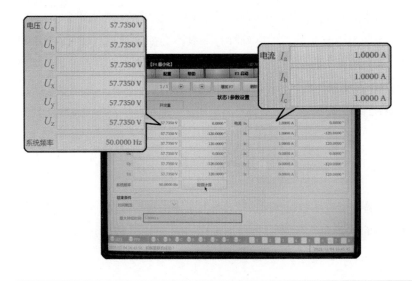

图 6-4 初始正常状态

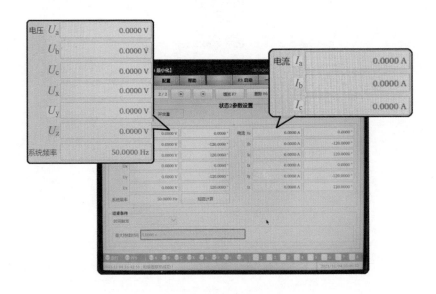

图 6-5 过程中的母线无压及线路无流状态

既然是无流、无压，那么都设置为0自然能够满足该条件。

但是为了校验装置的准确性，一般不会如此设置。40V为无压定值，那么如果实验仪加量为其0.95倍，即38V，保护装置能否动作呢？设置为39V又如何呢？所以，在变电站现场验收过程中一般不会像小电工这样，为了获得实验结果而太简单粗暴，那可是一项细致活儿呢！

6.3.4　记数据

实验结束后注意观察保护装置液晶界面的提醒信息以及动作过程，动作时间也是每次实验过程中需要关注的重点，读者可以自行完成记录。

扫码观看进行备自投逻辑实验过程

第 7 章

电力系统中的
"时尚达人"

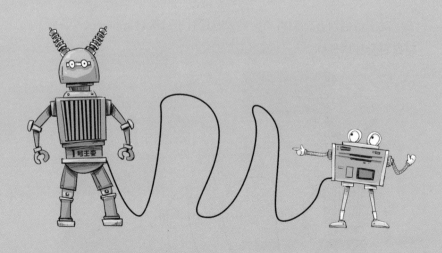

很早以前继电保护装置是电磁继电器式样的，后来继电保护装置是微机式样的。现如今科技水平已经如此发达，5G、6G、元宇宙等各种概念层出不穷。那么未来继电保护会是什么样子的呢？或者不用那么局限，未来变电站是什么样子的？

要把逻辑原理和实现方式分开来看，从发展的角度来说，逻辑原理确实一直滞后于实现方式，至于未来继电保护什么样？小电工想最先变化的应该还是实现方式吧，这个问题还是要依靠各位小伙伴们自己大开脑洞、疯狂设想吧。

小电工在最后一章中分享一些现在尚未完全推广，但是在个别地区试点的继电保护的最新形态以及变电站的最新技术，它们可谓是电力系统中的"时尚达人"，在技术方面走在了时尚前沿。

7.1 漫画就地化保护装置

对于情侣而言，距离产生美，但是对于二次设备和一次设备而言，距离只会徒增烦恼。

　　因为一次设备和二次设备之间的距离越长，所需要的电缆就越长，同时对信号的传输也可能造成一定的影响。

　　如果把保护装置放在一次设备旁边，省去了长长的电缆不说，还促成了一段"姻缘"，何乐而不为呢？

　　就地化保护装置应运而生，顾名思义，就是就地安装在一次设备旁边的保护装置。

7.1.1　外观

　　跟传统保护装置相比，就地化保护装置取消了液晶屏、按键，同时只保留了运行、异常、动作三个灯。没想到吧，继电保护装置也走上了极简的设计风格。

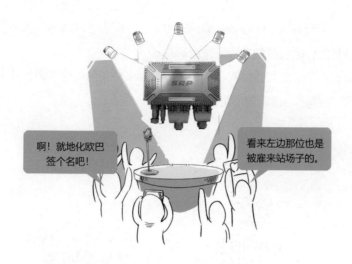

这么简单的装置，个头还剩多大呢？来，伸出双手，跟着我左手右手一个慢动作，不是，双手伸直，并列排在一起，就两个巴掌这么大小。而且就地化不存在传统保护那种可拆装的插件，如果装置坏掉，那就整装置更换。

就地化装置安装在一次开关柜的侧面，风吹日晒，打雷下雨都影响不到它分毫。

7.1.2 关键技术

传统的保护装置如果直接放在户外使用，那将面临的水、尘、电等复杂环境的刺激，在温室里待久的宝宝肯定受不了。就地化装置为何如此抗造呢？可以说除了保护的内核逻辑没有变化外，其外在特性随着关键技术的提升，得到了全面提升，就地化装置户外安装实景，如图7-1所示。

图 7-1 就地化装置户外安装实景图

（1）防尘防水。就地化保护装置要能长期可靠运行、保障系统安全，关键在于它的IP防护。就地化保护装置采用全密闭外壳，一体成型达到IP67防护等级，也就是可以实现完全不会渗入尘土，水下1m可以短时正常运行。

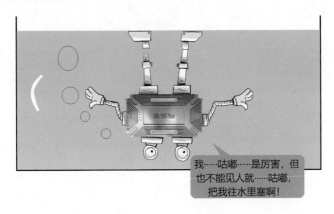

课外
小知识

IP防护等级是由两个数字所组成。

第1个数字表示电器防尘、防止外物侵入的等级（这里所指的外物含工具，人的手指等均不可接触到电器之内带电部分，以免触电）。其范围为0~6，其中1表示"防直径为50mm甚至更大的固体颗粒物物体尖端或50mm直径的固体颗粒物不能完全穿透"；6表示"灰尘禁锢：尘埃无法进入物体整个直径不能超过外壳的空隙"。

第2个数字表示电器防湿气、防水浸入的密闭程度，数字越大表示其防护等级越高，其范围为0~8。其中1表示"防垂直下坠的水滴：垂直下坠的水滴不会造成有害影响"；7表示"防短时浸泡：常温常压下，当外壳暂时浸泡在1m深的水里将不会造成有害影响"。

（2）电磁兼容。所谓电磁兼容（EMC）是指装置在电磁环境中仍能正常地实现其功能。由于电力系统对保护装置灵敏性、可靠性要求很高，所以装置要想实现在一次设备旁边正常运行，就需要克服一次设备电磁环境的影响，就地化装置又做到了。

就地化装置的电磁兼容按照最高标准设计。所以安装在一次设备旁边，仍能正确无误地完成保护动作。

（3）热设计。根据对以往设备缺陷的统计，温度是导致电子产品失效的重要原因，可以说55%的电子产品失效都跟温度相关。就地化装置由于高等级的IP防护和EMC设计要求，对于温度设计提出了更高要求。想想也能感受得到，把一堆自带发热的电子元器件关在密不透风的小盒子中，你说热不热。

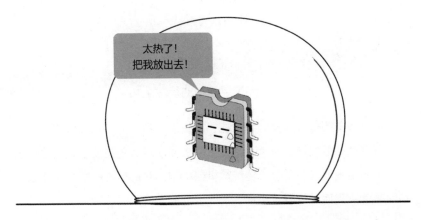

想要避免温度的影响可以从两个方面考虑，一个是装置自身的散热，一个是元器件的耐高温。就地化装置设计得褶褶皱皱，就是为了增加散热。同时，通过高性能、高品质的元器件选取，让就地化装置可以在-40~70℃的温度范围内正常运行。

当然，就地化设备还有诸如先进的航空插头设计、标准规范的即插即用设计等先进设计思路，在此就不一一展开啦。

7.1.3 资源节约

就地化保护装置处理节约电缆还有哪些在资源节约方面的优势呢？
以一个典型的220kV工程（6回220线路、8回110线路、2台主变、12回
10kV馈线）为例，如果应用就地化保护装置，将大大节省资源与时间。

> 屏柜数量：减少59面
>
> 建筑面积：缩减430m^2
>
> 光缆使用：缩减11.6km
>
> 安装时间：缩短至1周
>
> 调试时间：缩短至1周
>
> 消缺时间：由26.88h缩短至1h

可见，其跟传统保护装置对比，在资源、运维方面的优势明显。

所有产品的发展和诞生都是为了解决需求或者创造需求，就地化这
种形态的出现就是为了解决传统微机保护中面对的各类问题，它能把这
些问题解决到何种效果就决定了它能否继续发展下去。

7.2 畅谈智慧变电站

从单装置的角度而言，继电保护的原理和实现技术都在持续提升。
从变电站的角度而言，涉及的专业更多，综合性因素更强，其技术进步
也更加明显。本书的重点虽然是继电保护，但是也有必要跟大家一道看
看变电站整体的进步过程，这样才能跟得上时代发展的步伐嘛。

相信各位都去过变电站，试想一下，在驱车到达变电站门口时，
系统就能识别出你是谁，你干啥，你车速快不快，并自动决定让不让
你进。

以前确实叫"人工智能"，通信基本靠吼，大爷听见了，门自然就可以开了。抛开大爷版本的"人工智能"，当前技术最先进的变电站确实做到了智能识别，身份验证等全自动功能，当然还不止这些。

7.2.1　智慧巡检

扪心自问，传统变电站的巡检模式是什么？

双人成组，定期前往变电站"转圈圈"，看一下告警灯，瞅一下仪表盘，检查一下油温，感受一下气压。这只是巡检的一小部分，一圈下来是费人又费力。

那智慧变电里如何完成巡检呢？答案是：不靠人！

这个摄像头是智慧站的一大主角，比如某智慧站靠109台摄像机来完成巡检，工作人员通过变电站信息综合管理系统来设定摄像头的巡检频率，从而替代人工，完成自动巡检。

室内的导轨摄像头给主控室、高压室等小室的设备拍片，检查各类设备的运行状态并实时汇报给信息管理系统，方便其做出正确决策。

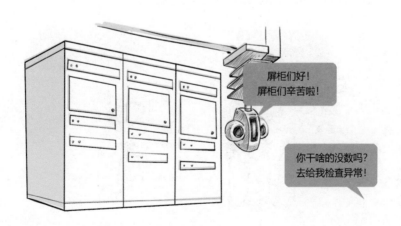

室外的各类固定或者移动摄像头遍布在各出入口、制高点以及各种一次设备旁边，一旦发现异常就会通知运维和检修人员前来处理，某智慧变电站摄像头配置如图7-2所示。

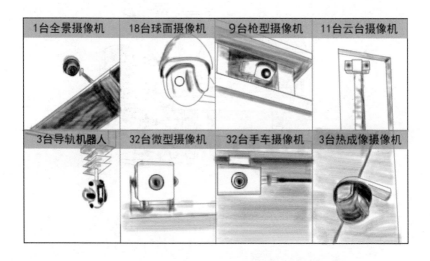

图 7-2　某智慧变电站摄像头配置

7.2.2　智慧运维

传统变电站是怎么做运行维护的呢？急吼吼冲进变电站，带着一堆资料，对着后台一顿操作，姿势一百分，但是问题在哪儿并不一定找得到。

然后……

　　各种打电话交流意见，终于定位了问题，兴冲冲地去解决，结果还走错间隔了。这些例子有些极端，但是确实有类似风险和不便。

　　智慧变电站成功地解决了这些问题。一旦出现问题后，集控人员先来一波远程诊断。

在"专家系统"的帮助下完成问题分析,针对故障现象,"专家系统"就可以给出最好的方案,脑装解决方案,脸带灿烂笑容,通过人脸识别,成功地进入到了变电站。

然后掏出移动作业终端,来一次真正的王者操作,设备前世今生都逃不过你的法眼,动没动过"手术",有没有过"小病",一目了然。

结合专家系统的建议和移动终端的初步诊断,就可以带上智能钥匙去打开对应间隔的柜门消缺。对了,提醒一下,请注意着装。因为智慧变电站的智慧识别功能实时监视违规穿衣、体态异常(触电)、异物入侵等情况,想逃没门。

7.2.3 智慧操作

回想一下，传统变电站是如何完成日常操作呢？

主控室内一声令下，运行人员跑断双腿，得完成断路器就位、仪表显示等各类情况的检查核实工作。传统的操作过程费时、费力、关键还费腿。

智慧变电站解决了一系列的苦恼，当你完成对断路器的操作后，摄像头、传感器自动反馈断路器所在位置，并检查就位情况。

在此基础上，想要的很多功能，都已经成为现实，比如一键顺控的应用、压板的智能巡视等。

7.2.4　网络结构

智慧变电站中的二次结构是什么样的呢？各个设备在不同的结构中又发挥了什么功能呢？下面就按照先分层、再分区、最后加设备的思路来聊聊。

（1）分层。对于智慧站而言，最大的改变来自辅助设备的增加，其在继电保护设备以及网络分层结构方面变化不大，依然采用智能站中的"三层两网"的网络结构。根据设备功能的不同划分为站控层、间隔层、过程层。

站控层

站控层网络

间隔层

过程层网络

过程层

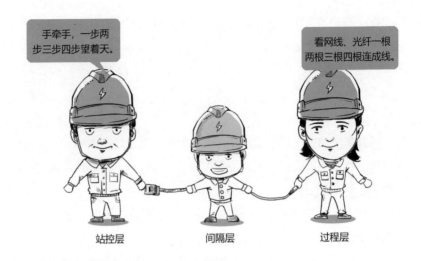

站控层和间隔层的连接靠站控层网络（网线）；间隔层和过程层的连接靠过程层网络（光纤）。

（2）分区。根据电力二次系统的特点，将变电站二次部分划分为生产控制大区和管理信息大区。

没错，就类似于防疫过程中的网格化管理。不同类型的大区有不同的网络安全要求，确保电网本质安全。

1）生产控制大区。按安全等级分为控制区（Ⅰ区）和非控制区（Ⅱ区）。

控制区（Ⅰ区）是可以实现对站内各类设备控制的区域，调度自动化、后台、继电保护、测控等分布在此。其安全等级最高，不允许Ⅱ/Ⅲ/Ⅳ区访问。Ⅰ区和Ⅱ区之间架起了一道高墙，确保不被入侵，也就是传说中的"防火墙"。

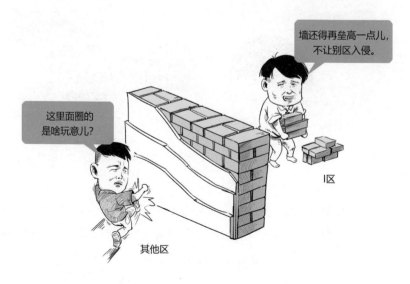

非控制区（Ⅱ区）即只需完成信息上传，无需被控制的区域。电能量计量、故障录波分布在此区域。其安全等级较Ⅰ区低，跟Ⅲ/Ⅳ区通过正反向隔离联系。

正反向隔离不是隔离，是一种网络设备。所谓正向隔离就是信息只能由Ⅱ区发给Ⅲ/Ⅳ区。

2）管理信息大区。管理信息大区又分为生产管理区（Ⅲ区）和管理信息区（Ⅳ区）。Ⅲ区一般实现雷电监测、报表统计等功能；Ⅳ区一般是办公自动化（OA）和信息管理系统。本文对于Ⅲ、Ⅳ不做特别区分，Ⅲ/Ⅳ区跟Ⅱ区的信息交互通过隔离装置进行。

（3）添加设备。既然分层、分区都分清楚了，咱就可以往里面"添油加醋"啦。

1）Ⅰ区的设备。后台坚守站控层，保护测控在间隔，执行采集过程层，完成！智慧变电站中Ⅰ区的设备与智能变电站或者传统变电站相比并没有太多变化，基本保持一致。

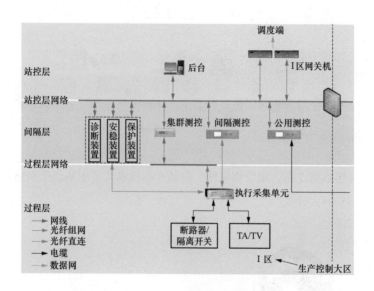

只有集群测控是其中一大亮点，它通过过程层网络采集所有间隔的交流量及开关量，在对应间隔测控检修时，集群测控将代替该间隔测控的功能。

2）Ⅱ区的设备。对于智慧变电站而言，Ⅱ区设备是最大的亮点。

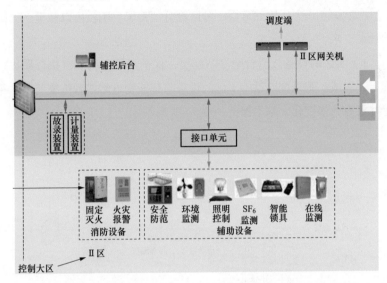

应用这些设备，结合物联网、移动互联技术，实现状态全面感知是智慧站的一大特色。

就是说增加了很多传感器和测量设备，通过这些传感器或设备可以完成断路器操作机构中弹簧的压力监测，可以实现断路器触头测温，可以实现变压器状态监测等功能。

以前靠人伸手探头、用肉体凡胎感知的部分，全部交给传感器来感知，编织出一张状态全面感知的大网，上一篇谈到的智慧运维、智能巡检就是在此基础上实现的。

（4）Ⅲ/Ⅳ区的设备。这个区最靓的仔，当属摄像头和机器人啦。

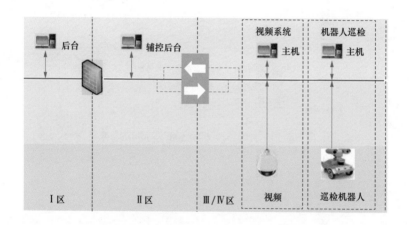

Ⅰ区的后台监控翻墙越过隔离，跟Ⅲ/Ⅳ区的摄像头产生联系。当智慧变电站通过后台执行遥控命令时，它的过程是：后台发遥控命令→过防火墙→辅控后台接收并发送→过隔离→视频系统接收→摄像头开始联动。

这个过程就是传说中的智能联动即，俗话说的"打哪儿指哪儿"。以前遥控开关后需要人到设备旁边去检查是否到位，现在只需要全自动的摄像头过去检查就行了。

厉害的东西还远不止这些，电网技术在不断革新、不断前进，科幻般的功能层出不穷，期待越来越多的新技术实现突破。

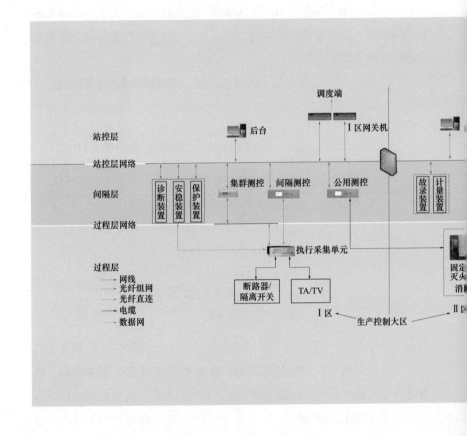

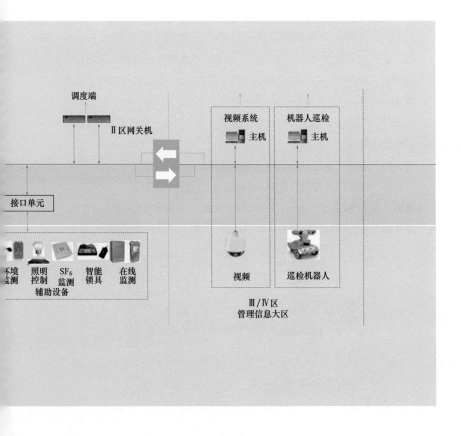

参考文献

1. 杨以涵. 电力系统基础（第二版）. 北京：中国电力出版社，2007.

2. 张保会，尹项根. 电力系统继电保护（第二版）. 北京：中国电力出版社，2010.

3. 辜承林，陈乔夫，熊前. 电机学. 武汉：华中科技大学出版社，2018.

4. 阎治安，崔新艺，苏少平. 电机学. 西安：西安交通大学出版社，2008.

5. 邱关源. 电路. 第五版. 北京：高等教育出版社，2006.

6. 单渊达. 电能系统基础. 北京：机械工业出版社，2012.

7. 陈珩. 电力系统稳态分析（第四版）. 北京：中国电力出版社，2015.

8. 李光琦. 电力系统暂态分析（第三版）. 北京：中国电力出版社，2012.